"科学就在你身边"系列

善待与共存何以可能

——环保的过去、现在与未来

总 主 编　杨广军
副总主编　朱焯炜　章振华　张兴娟
　　　　　胡　俊　黄晓春　徐永存
本 册 主 编　黄　凯
本册副主编　陈杨梅

上海科学普及出版社

图书在版编目（CIP）数据

善待与共存何以可能：环保的过去、现在与未来/黄凯主编.—上海：上海科学普及出版社，2012.1
(2018.4 重印)
(科学就在你身边系列/杨广军主编)
ISBN 978-7-5427-5035-8

Ⅰ.①善… Ⅱ.①黄… Ⅲ.①环境保护-基本知识普及读物 Ⅳ.①X

中国版本图书馆 CIP 数据核字(2011)第 164407 号

组　　稿　胡名正　徐丽萍
责任编辑　李　蕾
统　　筹　刘湘雯

"科学就在你身边"系列
善待与共存何以可能
——环保的过去、现在与未来
总主编　杨广军
副总主编　朱焯炜　章振华　张兴娟
　　　　　胡　俊　黄晓春　徐永存
本册主编　黄　凯
本册副主编　陈杨梅
上海科学普及出版社出版发行
(上海中山北路 832 号　邮政编码 200070)
http://www.pspsh.com

各地新华书店经销　北京兴湘印务有限公司印刷
开本 787×1092　1/16　印张 13　字数 200 000
2012 年 1 月第 1 版　2018 年 4 月第 3 次印刷

ISBN 978-7-5427-5035-8　　　定价：25.80 元

卷首语

　　环境保护是指人类有意识地保护自然资源、自然环境防止其受到污染和破坏；同时对受到污染和破坏的环境开展综合治理工作，为人类创造一个适于生活和工作、人类与自然和谐相处的良好环境。

　　环境保护又是指人类为解决现实的或潜在的环境问题，协调人类与环境的关系，保障经济社会的持续发展而采取的各种行动的总称。其方法和手段有工程技术的、行政管理的，也有法律的、经济的、宣传教育的，等等。

　　现在，无论是在生活中，还是在学习中，我们都可感受到，环境保护已日益成为一个严峻的问题。如何去认识它，怎么去解决它？让我们一起，走进我们的生活环境，一起去面对，去思考，去展望，去看环保的过去、现在和未来吧！

目 录

人类环保的足迹——环保纪事

"兄弟姐妹"——世界动物日 …………………………………………（3）
"健康就是金子"——世界卫生日 ……………………………………（7）
你我的呼吸——世界气象日 …………………………………………（11）
"一个地球,一个家庭"——世界地球日 ……………………………（16）
人类的摇篮——世界森林日 …………………………………………（21）
地球需要你——世界环境日 …………………………………………（26）
没有饥饿——世界粮食日 ……………………………………………（32）
为了你我他——世界无烟日 …………………………………………（37）
拯救蓝天——国际保护臭氧层日 ……………………………………（41）
地球不能承受之重——世界人口日 …………………………………（45）
灾害不相信眼泪——国际减轻自然灾害日 …………………………（50）
生命之源——世界水日 ………………………………………………（56）
一个都不能少——国际生物多样性日 ………………………………（61）
把土地还给我们——世界防治荒漠化和干旱日 ……………………（66）
最后的生态绿地——国际湿地日 ……………………………………（70）

SHANDAI YU GONGCUN
HEYI KENENG

善待与共存何以可能

行动起来——走进环保

是谁动了我们的环境——环保的起因 …………………………（77）
不可逾越的底线——环保的相关法律文献 …………………………（83）
谁来保护我——环保的相关机构 …………………………（88）
他救不如自救——环保行动 …………………………（93）

悲惨的世界——环境问题

上帝之子——厄尔尼诺 …………………………（99）
小女孩——拉尼娜现象 …………………………（104）
冒烟的马蹄——美国多诺拉烟雾事件 …………………………（109）
怪病——日本富山县痛痛病事件 …………………………（115）
"猫舞蹈症"——日本水俣病事件 …………………………（121）
"黑油"——日本米糠油事件 …………………………（126）
地下的黑色液体——美国腊夫运河事件 …………………………（130）
"森林的坟墓"——欧洲"黑三角地带"事件 …………………………（137）
爆炸的杀虫剂——印度博帕尔事件 …………………………（142）
地球的外衣破了——臭氧层空洞 …………………………（148）
永恒的工程——前苏联切尔诺贝利核泄漏事件 …………………………（154）

知己知彼——环保小常识

"白色幽灵"——"白色污染" …………………………（161）
"红色幽灵"——赤潮 …………………………（165）
天堂的眼泪——酸雨 …………………………（170）
"地球的癌症"——荒漠化 …………………………（176）

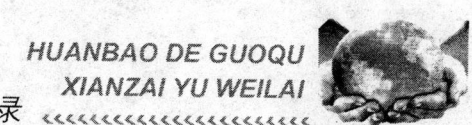

目 录

动植物的乐园——湿地 …………………………………（182）
绿意盎然——绿色食品 …………………………………（187）
看不见的羽绒服——温室效应 …………………………（191）
流血的富——富营养化水化 ……………………………（197）

人类环保的足迹

——环保纪事

"人法地,地法天,天法道,道法自然"。(《道德经》第二十五章)早在2500年前,我国古代最伟大的思想家、哲学家老子,就已经提出了"道法自然"的环保理念,提醒人们人与环境的重要关系。

而后的数千年间,无数的名人志士都对环境保护非常关心。英国著名的历史学家汤因比就在《人类与大地母亲》一书中提到——"人类将会杀害大地母亲,抑或将使她得到拯救?如果滥用日益增长的技术力量,人类将置大地母亲于死地;如果克服了那导致自我毁灭的放肆的贪欲,人类则能够使她重返青春,而人类的贪欲正在使伟大母亲的生命之果——包括人类在内的一切生命造物付出代价。"

爱国名将冯玉祥爱树如命,曾在军中立下护树军令:"马啃一树,杖责二十,补栽十株"。他驻兵北京,率领官兵广植树木,被誉为"植树将军"。驻兵徐州时,带兵种植大量树木,并写一首护林诗喻示军民: "老冯驻徐州,大树绿油油;谁砍我的树,我砍谁的头。"

总之,保护环境与发展经济是不矛盾的。发展经济过程中必须注意保护环境。

人类环保的足迹——环保纪事

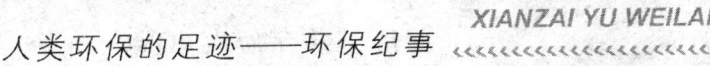
HUANBAO DE GUOQU
XIANZAI YU WEILAI

"兄弟姐妹"——世界动物日

"我们必须像善待我们的亲兄弟一样对待地球上的动物。想像一下，如果没有动物，人类也将因巨大的心灵孤独而消亡。今天在动物身上发生的一切，很快将在人类自身再现，世上万物皆相连"。1854年美国的一位印第安酋长西雅图，在他所著的《珍爱地球》一书中说到。然而100多年的时间内，由于人类的破坏，与栖息地的丧失等因素，地球上濒临灭绝生物的比例正在以惊人的速度增长。自从工业社会以来，地球物种灭绝的速度已经超出自然灭绝率的1000倍。全世界1/8的植物，1/4的哺乳动物，1/9的鸟类，1/5的爬行动物，1/4的两栖动物，1/3的鱼类，都濒临灭绝。

◆拯救野生动物图片

我的诞生记

"世界动物日"——举世同庆人类朋友的节日，源自19世纪意大利修道士圣·弗朗西斯的倡议。弗朗西斯于1206年摈弃了所有物质财富而创建了弗朗西斯修道院。他长期生活在阿西西岛上的森林中，热爱动物并和动物们建立了"兄弟姐妹"般的关

◆世界动物日

环保的过去、现在与未来

善待与共存何以可能

系。他要求村民们在10月4日这天"向献爱心给人类的动物们致谢"。弗朗西斯为人类与动物建立正常文明的关系做出了榜样。后人为了纪念他,就把10月4日定为"世界动物日",并自20世纪20年代开始,每年的这一天,在世界各地举办各种形式的纪念活动。

行动起来——动物保护行为指南

◆野生动物不是商品

◆爱我就别理我

1. 不干扰它们的自由生活。
2. 野生动物不是商品。
3. 不要购买野生动物制品。
4. 别穿野兽皮毛服装。
5. 别把野生动物当宠物养。
6. 不笼养野鸟。
7. 不吃野味。
8. 不去食用野生动物餐厅。
9. 不虐待、不欺辱所有动物。
10. 不恫吓、不投喂、不追逐野生动物。
11. 张网捉鸟、下套捕兽,是滥杀无辜。
12. 不要吃田鸡,保蛙护农。
13. 不要购买珍稀木材。
14. 不鼓励购买动物放生。
15. 不要见蛇就打。
16. 莫压过路动物。
17. 尽量不要用杀虫剂、除草剂等化学药品。
18. 尽量用无磷的洗衣粉。
19. 不要去江河钓鱼,不与水鸟争食。
20. 见到街头耍猴的违法现象应制止或举报。

人类环保的足迹——环保纪事

21. 尽量不看驯兽、马戏等违反野兽天性的演出。
22. 对动物不要太亲密，以防交叉感染。
23. 别把野兽驯养成家畜。
24. 别抓动物幼仔来饲养。
25. 切勿饲养动物。
26. 请勿轻率地将动物拿回家。
27. 动物有难时热心救一把，自由时切莫帮倒忙。
28. 如果你爱鸟，请去观鸟，不要关鸟。
29. 到自然界时，不要擅入保护核心区，不采集。
30. 做保护动物志愿者，积极举报违法者。

◆ "朋友别耍我"

小知识
中国十种最为珍、濒、特的野生动物

一、国宝：大熊猫
二、仰鼻蓝面：金丝猴
三、长江奇兽：白鳍豚
四、中华之魂：华南虎
五、东方之珠：朱鹮
六、堪称国鸟：褐马鸡
七、孑遗物种：扬子鳄
八、高原神鸟：黑颈鹤
九、雪域喋血：藏羚羊
十、失而复得："四不象"

动物小知识——鲨鱼愧当"海上霸主"

"海上霸主"鲨鱼因鱼翅被捕杀，美味的石斑鱼也在劫难逃……海洋动物消失的速度触目惊心。在海洋动物中，世界自然保护联盟仔细评估了共547种鲨鱼和鳐鱼，发现其中20%的物种面临灭绝的危险，原因则是人类的捕捞过度。

由于鱼翅（鲨鱼的鳍）在东南亚地区备受欢迎，因此"海上霸主"鲨鱼免不

SHANDAI YU GONGCUN
HEYI KENENG

善待与共存何以可能

◆"海上霸主"——鲨鱼

◆鱼翅

了被人类捕杀的命运。然而，鲨鱼的生育速度远远赶不上被捕杀的速度。世界自然保护联盟的专家警告，如果这种肆意杀戮再得不到有效制止，"海中霸主"的威猛将只能通过斯皮尔伯格的电影来回味了。同样，一旦鲨鱼这个海洋生物链中最高端的一环被截去，不难想象，将有成百上千种海洋生物面临灭顶之灾。

环保的过去、现在与未来

人类环保的足迹——环保纪事

HUANBAO DE GUOQU
XIANZAI YU WEILAI

"健康就是金子"——世界卫生日

"太阳眯眯笑,我们起得早。手脸洗干净,刷牙不忘掉。饭前洗洗手,饭后不乱跑。清洁又卫生,身体长得好。"这首是幼儿园小朋友都会的卫生儿歌。看来,卫生理念已经早就从娃娃抓起了。然而,现实不容乐观。全世界死于艾滋病的人已达1400万,世界有2700万人不知道自己感染艾滋病病毒,全球感染艾滋病的成人和儿童将超过3300万,全球每天有16000人感染艾滋病,这4串数字是令我们多么可怕、可悲的事实啊!

◆"卫生从勤洗手开始"

我的诞生记

1946年7月22日,联合国经社理事会在纽约举行了一次国际卫生大会,60多个国家的代表共同签署了《世界卫生组织宪章》,《世界卫生组织宪章》于1948年4月7日生效。为纪念组织宪章通过日,1948年6月,在日内瓦举行的联合国第一届世界卫生大会上正式成立世界卫生组织,并决定将每年的7月22日定为"世界卫生日",倡议各国举行各种纪念活动。次年,第二届世界卫生大会考

◆世卫组织总干事陈冯富珍博士

环保的过去、现在与未来

SHANDAI YU GONGCUN
HEYI KENENG

善待与共存何以可能

◆多参加体育运动

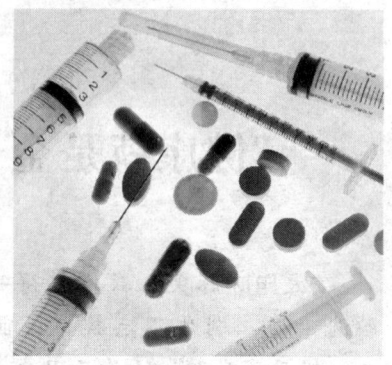

◆医疗技术

虑到每年7月份大部分国家的学校已放暑假，无法参加这一庆祝活动，便规定从1950年起将4月7日作为全球性的"世界卫生日"。

确定世界卫生日的宗旨是希望引起世界各国对卫生问题的重视，并动员世界各国人民普遍关心和改善当前的卫生状况，提高人类健康水平。世界卫生日期间，包括中国在内的世界卫生组织各会员国都举行庆祝活动，推广和普及有关健康知识，提高人民健康水平。

历年主题

2000年	安全血液 从我开始
2001年	精神卫生——消除偏见 勇于关爱
2002年	运动有益健康
2003年	创建未来生活 让儿童拥有一个健康的环境
2004年	道路安全 防患未然
2005年	珍爱每一位母亲和儿童
2006年	通力合作 增进健康
2007年	投资卫生 构建安全未来
2008年	保护健康不受气候变化的危害
2009年	拯救生命：加强医院抵御紧急情况的能力
2010年	城市化与健康
2011年	抗菌素耐药性：今天不采取行动，明天就无药可用

人类环保的足迹——环保纪事

HUANBAO DE GUOQU
XIANZAI YU WEILAI

社会纪实——别让H1N1流感接近你

2009年3月墨西哥和美国等先后发生人感染甲型H1N1流感病毒,人感染后的临床早期症状与流感类似,有发烧、咳嗽、疲劳、食欲不振等,还可以出现腹泻和呕吐等症状。少数病例病情重,进展迅速,可出现病毒性肺炎,合并呼吸衰竭、多脏器功能损伤,严重者可以死亡。

◆防治流感传染

国家卫生部发布的报告显示,截至2009年12月23日,全国31个省份累计报告甲型H1N1流感确诊病例115 877例,已治愈103 026例。确诊病例中重症及危重病例6 654例,死亡560例。已累计完成甲型H1N1流感疫苗批签发7 542.1万人份,累计完成接种4 384万人。

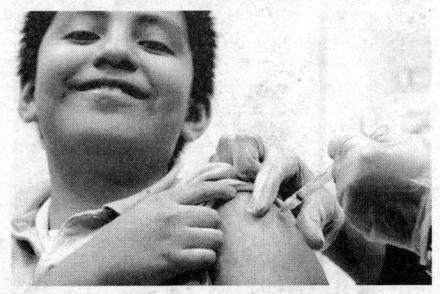

◆正在接种甲型H1N1流感疫苗

小知识——世界卫生组织达林基金奖

◆达林基金奖奖章

本奖以著名的疟疾病研究者塞缪尔·泰勒·达林博士的姓氏命名,以表纪念,达林博士在多国疟疾联盟委员会执行任务时因事故遇难。本奖用以奖励在病理学、病原学、流行病学、治疗学、预防医学或疟疾控制等方面取得的杰出成就。奖品包括1000瑞士法郎的奖金和一枚铜质奖章,不定期颁发,也就是当基金利息达到1000瑞士法郎就颁奖。候选人由世界卫生组织成员国、非正式成员和专家顾问小组成员一起提名。评选标准依据候选人所发

环保的过去、现在与未来

"科学就在你身边"系列

SHANDAI YU GONGCUN
HEYI KENENG

善待与共存何以可能

表的著作以及十年内所完成的实际工作。

中学生应养成的卫生习惯

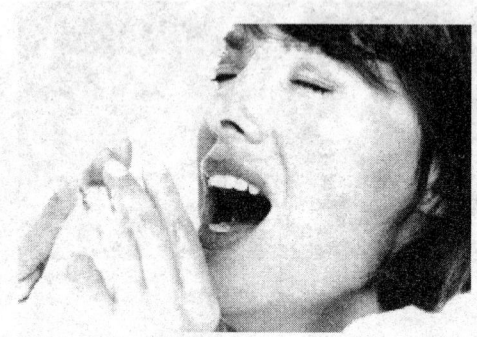

◆打喷嚏

◆饮酒

一、饭前、便后要洗手：一只没有洗过的手，至少含有4万～40万个细菌。用流水洗手，可洗去手上80％的细菌，如果用肥皂洗，再用流水冲洗，可洗去手上达99％的细菌。

二、不随地吐痰、甩鼻涕：吐痰人人皆会，但不一定都具备良好的吐痰方式。人人都要养成不随地吐痰的好习惯。

三、不对别人咳嗽、打喷嚏：为了大家的健康，在咳嗽和打喷嚏时就应该注意礼貌和卫生。

四、不吸烟：吸烟有百害而无一利，已为全世界的科学界所公认。

五、不过度饮酒：现代医学研究表明，当酒精浓度达到0.6％时则常导致死亡。醉酒的损害是全身性的，其后果相当严重。

六、不喝不洁净水、生吃瓜果应洗净或削皮、不随地大小便、不乱扔废物等。

环保的过去、现在与未来

人类环保的足迹——环保纪事

HUANBAO DE GUOQU
XIANZAI YU WEILAI

你我的呼吸——世界气象日

"太阳正午现一现，以后三天不见面"，指前两天和当天上午阴雨，中午出现太阳，没有多久天气又转阴雨，预示天气将会连续阴雨，这就是气象谚语。气象谚语是以成语或歌谣形式在民间流传的有关天气变化的经验。然而这几年气象谚语为什么屡屡失算？气象专家说，气象谚语不准是很正常的现象，气象谚语适用的地域不定，我国幅员辽阔，一条气象谚语不可能打包票的，因此，人们也常说气象变化无常。

◆闪电现象

我的诞生记

"世界气象日"又称"国际气象日"是世界气象组织成立的纪念日，时间在每年的3月23日。世界气象组织是为了纪念世界气象组织的成立和《国际气象组织公约》生效日（1950年3月23日）而设立的。每年的"世界气象日"都确定一个主题，

◆气象日宣传海报

环保的过去、现在与未来

SHANDAI YU GONGCUN
HEYI KENENG

善待与共存何以可能

◆2010年上海世博会世界气象馆

要求各成员国在这一天举行庆祝活动，并广泛宣传气象工作的重要作用。

1960年世界气象组织执行委员会决定把每年3月23日定为世界性纪念日，要求各成员国每年在这一天举行庆祝活动。我国是世界气象组织的创始国之一，1972年恢复在该组织的合法席位。

历年主题

2000年　气象服务五十年
2001年　天气、气候和水的志愿者
2002年　降低对天气和气候极端事件的脆弱性
2003年　关注我们未来的气候
2004年　信息时代的天气、气候和水
2005年　天气、气候、水和可持续发展
2006年　预防和减轻自然灾害
2007年　极地气象：认识全球影响
2008年　观测我们的星球，共创更美好的未来
2009年　天气、气候和我们呼吸的空气
2010年　世界气象组织——致力于人类安全和福祉的六十年
2011年　人与气候

环保的过去、现在与未来

十大怪招来自救

全球变暖问题已经成了各国政府和科学家们最为关注的环境问题之一，有人相信地球拥有从"全球变暖"伤害中"自愈"的能力，也有人则相信全球变暖将给人类带来一系列难以想象的自然灾难。为了拯救地球，

人类环保的足迹——环保纪事

世界各国的科学家们设想出了10大解决全球变暖问题的"怪招"。

1. 给格陵兰岛盖张"毯子"。北极铺上"防化毯"后,北极熊就不会尴尬地缩在这么小的一块冰上了。

2. 向海中撒铁粉养绿藻:英国科学家最近宣称,全球变暖引发冰山融化,不过冰山融化也引发了一个令人意想不到的结果,这一结果甚至可以改变气候变暖的进程。英国科学家发现,冰山融化后释放的铁粉粒子,导致海洋中的绿藻大面积繁衍,靠铁元素滋养的绿藻浮到海洋表面,通过光合作用大量吸收人类排放的二氧化碳。

3. 沙漠罩塑料膜当"反射镜":许多科学家都相信,如果将地球上的沙漠变成多面"巨大的镜子",那么炽热的太阳光就会被反射回太空中去。在地球上的普通地方,平均只有30%的太阳光被反射回太空,不过在冰雪覆盖的地区,被反射回太空的阳光却高达90%,其副作用就是冰雪也会融化得更快。

4. 建"水母农场"消耗"碳":一些科学家发现,每一大群这种水母状生物,每天可以消耗掉4000吨吸收碳的浮游植物,从而可以帮助消耗掉海洋中的碳元素。科学家建议建造大型的海洋处理工厂,人工

◆天气变化

◆尴尬的北极熊

◆冰山消融

环保的过去、现在与未来

SHANDAI YU GONGCUN HEYI KENENG
善待与共存何以可能

环保的过去、现在与未来

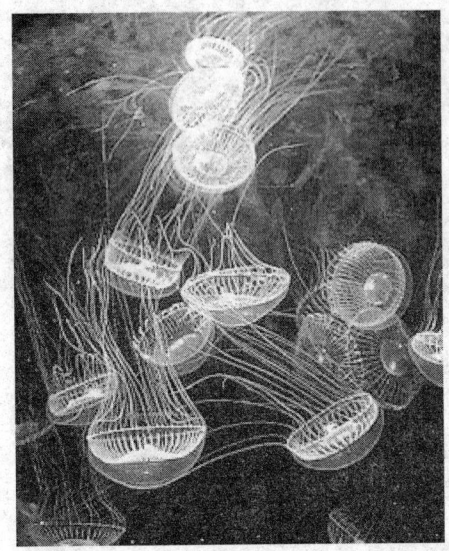

◆ "水母农场"消耗"碳"

◆ 烟囱

◆ 用小行星把地球推开

◆ 太阳能发电器

◆ 菲律宾吕宋岛的皮纳图博火山

饲养数万亿这种水母状生物,并将它们用作清洁海洋和大气的"生物过滤器"。

5. 在太空中撑"遮阳伞":我们知道阻挡太阳光可以防止全球变暖,所以科学家们正在考虑使用硕大的太空硅反射镜来遮挡住太阳光。

6. 派船队朝天喷海水造云:创造人造天气一直是科学家们长期的梦想,英国爱丁堡大学科学家斯蒂芬·索特称,通过向云层中喷撒盐分,完全可以通过人工方法来改变天气。

7. "人造火山"造多云天空:"人造火山"的说法听起来有点可怕,不过诺贝尔奖得主、荷兰大气化学家保罗·克鲁琛却建议,人类可以模拟火

人类环保的足迹——环保纪事

山爆发，从而人为创造出一个可以阻挡更多阳光的多云同温层。

8．烟囱上装"超级过滤器"：烧煤的发电站每年要向大气中排放成吨成吨的温室气体，但如果在这些发电厂的烟囱上安装一种"超级过滤器"，就可以将二氧化碳气体转变成无害的碳酸氢钠（小苏打）。

◆郁郁葱葱的森林

9．将地球慢慢推离太阳：既然全球变暖和太阳的照射有关，那人类为什么不能通过将地球推得距太阳更远的办法来让地球变凉快？这一创意是由科学家在美国科学杂志《天体物理学和太空科学》上提出来的，它的方法是借助一颗约96千米长的小行星来改变地球的轨道。

10．空投"罐头树苗"造林：森林是二氧化碳的"消费大户"，它能吸收全球15％的温室气体，如果人类拥有足够森林的话，就可预防全球变暖。

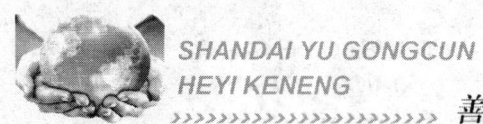

善待与共存何以可能

环保的过去、现在与未来

"一个地球，一个家庭"
——世界地球日

地球的自我介绍：年龄：45亿岁；性别：未知；体重：约600 000亿亿吨；三维：6 356.6公里（极半径）、6 377.5公里（赤道半径）、6 371公里（平均半径）；外貌：山清水秀（成分：氧47%、硅28%、铝8%）；穿着：气势磅礴（成分：氮78.5%、氧21.5%）；兄弟姐妹：八个（水星、金星、地球、火星、木星、土星、天王星、海王星）；一个密友：月球；个人爱好：舞蹈（公转365天、自转24小时）。

◆地球照片

我的诞生记

◆丹尼斯·海斯

人类历史上的第一个"地球日"，是1970年4月22日，由美国哈佛大学法学院的一个刚满25岁的学生——丹尼斯·海斯在校园发起和组织的。他在今天被誉为"地球日之父"。但实际上，"地球日"最早的发起人并不是他，而是美国一位政界名人盖洛·尼尔森（Gaylord Nelson）。1962年，美国威斯康星

人类环保的足迹——环保纪事

州民主党参议员盖洛·尼尔森，试图说服肯尼迪总统，进行一次保护野生动物的旅行，以引起公众注意保护环境，总统十分赞同这个建设性的意见。尼尔森又酝酿设立"地球日"。1969年夏，尼尔森和参议院的同事成立了一个组织，制定了纪念全国性地球日活动计划，并于同年9月初宣布了这件事，美国人民的反应极为热烈，令尼尔森也始料未及。

1969年盖洛·尼尔森提议，在全国各大学校园内举办环保问题讲演会，海斯听到这个建议后，就设想在剑桥市举办一次环保的演讲会。于是，他前往首都华盛顿去会见了尼尔森。不久，他就把尼尔森的构想扩大，办起了一个在美国各地展开的大规模的社区性活动。举办"地球日"的主意就这样形成了。

◆第40个"世界地球日"

◆"一起来保护地球"

新奇发现——地球之旗

地球之旗的主要图案是美国国家航空暨太空总署的阿波罗17号飞船在太空拍摄的地球照片《蓝色弹珠》，放置在深蓝色的背景上，它是由约翰·麦克尼尔于1969年为首届地球日活动设计的，现在这面旗帜是环境保护运动的象征。

◆蓝色弹珠

环保的过去、现在与未来

SHANDAI YU GONGCUN
HEYI KENENG

善待与共存何以可能

历年主题

2002年　《让地球充满生机》
2003年　《水——二十亿人生命之所系》
2004年　《海洋存亡，匹夫有责》
2005年　《营造绿色城市，呵护地球家园》
2006年　《莫使旱地变荒漠》
2007年　《冰川消融，后果堪忧》
2008年　《善待地球，造福人类》
2009年　《绿色世纪》
2010年　低碳经济绿色发展
2011年　珍惜地球资源　转变发展方式　倡导低碳生活

◆共同呵护地球家园

环保的过去、现在与未来

小故事——美化地球

国际知名图画作家芭芭拉·库尼（Barbara Cooney）的名作《花婆婆（Miss Rumphius）》，故事中的小女孩对她爷爷说，我长大之后，要到很远的地方旅行，然后，我要住在大海边。她的爷爷说，这些都很好……但是，你还要再做一件事：让这个世界变得更美丽。于是，小女孩长大后，选择在海边种满了美丽的紫蓝色扁豆花，美化地球。

人类环保的足迹——环保纪事

 广角镜——救救地球，行动

◆禁食

◆青海旧衣服捐赠活动

◆汽车尾气

一、食
1. 4月22日地球日吃素一天
2. 少吃
3. 禁食一日（体验体内环保滋味）
4. 拒用薄膜塑料
5. 拒绝购买高山茶、高冷蔬菜

二、衣
1. 选天然棉、麻等自然材质，可回收再生
2. 需求量缩减的决定
3. 旧衣新穿

三、住
1. 多用二手家具
2. 多用植栽绿化来做居家布置
3. 请节约珍贵的水源
4. 房间之电源、冷气集中使用

四、行
1. 走楼梯，不搭电梯
2. 出门多走路、骑自行车

环保的过去、现在与未来

SHANDAI YU GONGCUN HEYI KENENG
善待与共存何以可能

地球的心腹大患——地质灾害

◆2008年中国四川大地震

◆2010年海地大地震

◆2009年中国台湾台风

地质灾害是指自然产生和人为诱发的人民生命和财产安全造成危害的地质现象,是地球灾害系中的一种。根据我国地质灾害发生、发展过程,可概括分为突发性和渐变性地质灾害,前者如地震、崩塌、滑坡、泥石流、地面塌陷、地裂缝,后者如地面沉降等。

对我国危害最大的地质灾害包括地震、崩塌、滑坡、泥石流和土地退化灾害等。

我国地质灾害种类繁多,发布广泛,活动频繁,危害严重。据统计,20世纪80年代末至90年代初,每年因地质灾害造成300～400人死亡,经济损失100多亿元。90年代以来,我国因地质灾害造成的损失每年都在200亿元以上,人员死亡约1000人。

地震是破坏性最大的灾害,并可以诱发一系列其它地质灾害。据统计,20世纪因地震而死亡的人数达260万,占各种自然灾害死亡人数的58％。

崩塌、滑坡、泥石流——全国共发育有较大型崩塌3000多处、滑坡2000多处、泥石流2000多处,中小规模的崩塌、滑坡、泥石流则多达数十万处。全国有350多个县的上万个村庄、100余座大型工厂、55座大型矿山、3000多公里铁路线受崩塌、滑坡、泥石流的严重危害。

人类环保的足迹——环保纪事

HUANBAO DE GUOQU
XIANZAI YU WEILAI

人类的摇篮——世界森林日

不走进大森林,不知道大森林的芬芳。走进大森林,你仿佛走进成熟的野果园。你忘忧的笑声,你悦耳的歌声,你乌黑的发端,无不流芳溢香。白嫩的蘑菇,你这害羞的森林少女,不要用小伞挡着眼睛。金黄的柿子,你这健康的小伙,是否正吹响木叶,向心上人表达不尽的情意。你好,醉

◆茂密的森林

人的大森林,无尽的绿波是我无尽的畅想,就让我也做一枚成熟的野果吧,挂在这高高的树木上,挂在那绿油油的叶子间。

我的诞生记

"世界森林日",又被译为"世界林业节"。这个纪念日是于1971年,在欧洲农业联盟的特内里弗岛大会上,由西班牙提出倡议并得到一致通过的。同年11月,联合国粮农组织(FAO)正式予以确认。

1972年3月21日为首次

◆美丽的森林

环保的过去、现在与未来

"科学就在你身边"系列

SHANDAI YU GONGCUN
HEYI KENENG

善待与共存何以可能

"世界森林日"。有的国家把这一天定为植树节；有的国家根据本国的特定环境和需求，确定了自己的植树节；中国的植树节是3月12日。而今，除了植树，"世界森林日"广泛关注森林与民生的更深层次的本质问题。

◆ "孤木不成林"

历年主题

2007年 "世界森林日"主题是"森林：我们的骄傲"；

2008年 "世界森林日"主题是善待并擅待森林，无异于善待人类自己

2009年 "世界森林日"主题让森林走进城市 让城市拥抱森林

2010年 世界森林日的主题为"加强湿地保护，减缓气候变化"

2011年 民界森林日主题：爱护森林资源，人人有责

十大最古老的原始森林

1. 克拉阔特湾（加拿大）：沿海温带雨林是森林树种中最为珍稀的种类之一，其覆盖面积还不及全球土地的0.2%。不列颠哥伦比亚省的克拉阔特湾生物圈保护区中拥有丰茂的温带雨林，这里气候温和，充沛的雨水浇灌滋润着这片雨林，树木的高度均在400英尺（约122公里）以上，景色旖旎。

◆克拉阔特湾

人类环保的足迹——环保纪事

2. 卡扬·门塔让国家公园（印尼）：该公园坐落在郁郁葱葱的婆罗洲上，是犀鸟和叶猴等动物的栖息地，体型娇小的苏门答腊犀牛和婆罗洲侏儒象都非常稀有，吸引游客纷至沓来。

3. 巴拉那河上游大西洋森林（阿根廷、巴拉圭和巴西）：巴拉那河上游丛林占地面积曾经达到182000平方英里（$4.7×10^5$ 平方公里），但是现在却只有7.4%的地域仍然保留着原始状态，目前这片森林已经成为地球上最有可能即将消失的丛林之一。据世界野生动物基金会的资料显示，这里90%以上的两栖动物和50%的植被都是该地特有物种，这片森林形成一个完整的地球淡水和海水动物的栖息地。

4. 伍德布法罗国家公园（加拿大）：北方广袤的针叶林遍布从美国阿拉斯加州的德纳里峰国家公园至位于加拿大艾伯塔省的伍德布法罗国家公园的狭长地带。伍德布法罗国家公园是加拿大最大的国家公园。

5. 丹特里国家公园（澳大利亚）：这片森林拥有1.6亿年的历史，是联合国教科文组织世界遗产，这里有地球上最古老的原始森林生态系统。

6. 滨海边疆区（俄罗斯）：这些在寒温带生长的北方针叶林一直从西

◆卡扬·门塔让国家公园

◆巴拉那河上游大西洋森林－1

◆巴拉那河上游大西洋森林－2

SHANDAI YU GONGCUN
HEYI KENENG

善待与共存何以可能

◆伍德布法罗国家公园

◆丹特里国家公园

◆滨海边疆区

面的芬兰延伸到东面的俄罗斯沿海省份，保持着地球上最大的生态系统美称。滨海边疆区80％的森林仍然保持着原始风貌，旅客可以尽览北方针叶林的独特美景和其间的动植物。

7. 红杉国家公园（美国加州）：加州东部的内华达山脉周围分布着崎岖的峡谷和山峰，

它们在红杉国家公园里形成了一个丰富的生态系统。惠特尼山最高的山峰高达4416.8米，和它同名的参天树木一样是这里吸引游人的明星，同时，该公园也包括了加州一半以上的洞穴，此地的洞穴都非常的著名。

8. 乌鲁沙巴·马鲁亚保护区（马来群岛）：该保护区的原始森林正处于消失殆尽的危险状态，这里很多森林都遭到砍伐，甚至被夷为平地。该保护区还是3000只猩猩的家园，游客可以跟随

◆红杉

环保的过去、现在与未来

人类环保的足迹——环保纪事

Abercrombie&Kent 公司的游客行程到红毛猩猩康复中心喂养猩猩孤儿，探访这个富有挑战性的地区。

9. 亚马逊流域中部地区（巴西和秘鲁）：地域广大的亚马逊流域中部地区是联合国教科文组织生物圈保护区，该生物圈保护项目意在保护地球上最多样的动物物种，据统计资料显示，地球上每 10 种物种就有其中一种生活于此，这个生态伊甸园占地 680 万平方公里，是 9.14 米长的水蟒、淡水豚等动物的家乡。

10. 蒙特活德云雾森林保护区（哥斯达黎加）：早在 1972 年，科学家乔治·鲍威尔购买了 3.24 平方公里作为森林保护区，该保护区目前已经扩展到 120 平方公里。这里湿润的气候滋润着森林，终日雾气蒙蒙。

◆乌鲁沙巴·马鲁亚保护区

◆蒙特汉德云雾森林保护区

生活小观察——我们很少有机会植树，但我们都有机会节约！

◆禁止使用一次性筷子　节约用纸　　森林呐喊

SHANDAI YU GONGCUN
HEYI KENENG
善待与共存何以可能

地球需要你——世界环境日

马克思说过:"文明如果是自然地发展,而不是自觉地发展,那么留给我们人类自己的只能是荒漠。"自古历史以来,人类一直就是在无休止的杀伐征战中一路走过来的。而杀戮劫掠的最终目的无非是为了资源。自第二次世界大战结束后,核战争危机、能源危机、人口危机、环境危机这四大危机,就成了高悬在人类头顶上的一把达摩克里斯之剑,使人们时时处在危机的漩涡中而无法逃脱。

◆2009年世界环境日主题海报

环保的过去、现在与未来

我的诞生记

◆世界环境日标志

1972年6月5日～16日,联合国在瑞典首都斯德哥尔摩召开了人类环境会议。这是人类历史上第一次在全世界范围内研究保护人类环境的会议。出席会议的国家有113个,共1300多名代表。除了政府代表团外,还有民间的科学家、学者参加。会议讨论了当代世界的环境问题,制定了对策和措施。会前,联合国人类环境会议秘书长莫里斯·夫·斯特朗委托58个国家的152位科学界和知识界的知名人士组成了一

人类环保的足迹——环保纪事

HUANBAO DE GUOQU
XIANZAI YU WEILAI

污染减排与环境友好型社会
2007.6.5
◆2007年世界环境日主题海报

绿色奥运与环境友好型社会
2008.6.5
◆2008年世界环境日主题海报

个大型委员会,由雷内·杜博斯博士任专家顾问小组的组长,为大会起草了一份非正式报告——《只有一个地球》。

《人类环境宣言》提出7个共同观点和26项共同原则,引导和鼓励全世界人民保护和改善人类环境。《人类环境宣言》规定了人类对环境的权利和义务;呼吁"为了这一代和将来的世世代代而保护和改善环境,已经成为人类一个紧迫的目标";"这个目标将同争取和平和全世界的经济与社会发展这两个既定的基本目标共同和协调地实现";"各国政府和人民为维护和改善人类环境,造福全体人民和后代而努力"。会议提出将这次大会开幕日这一天作为"世界环境日"。

历年主题

2002年	让地球充满生机
2003年	水——二十亿人生于它!
2004年	海洋存亡,匹夫有责
2005年	营造绿色城市,呵护地球家园!
2006年	莫使旱地变为沙漠
2007年	冰川消融,后果堪忧
2008年	促进低碳经济
2009年	地球需要你:团结起来应对气候变化

环保的过去、现在与未来

SHANDAI YU GONGCUN HEYI KENENG
善待与共存何以可能

你知道吗？

历届世界环境日主办城市

- 2002　深圳，中国
- 2003　贝鲁特，黎巴嫩
- 2004　巴塞罗那，西班牙
- 2005　旧金山，美国
- 2006　阿尔及尔，阿尔及利亚
- 2007　特罗瑟姆，挪威
- 2008　惠灵顿，新西兰
- 2009　墨西哥城，墨西哥
- 2010年　多样的物种，唯一的地球，共同的未来
- 2011年　森林：大自然为您效劳

环保的过去、现在与未来

广角镜——创意世界环境日

◆悉尼"穿戴蓝色"活动

悉尼"穿戴蓝色"活动——2009年6月5日，在澳大利亚悉尼，人们手持充气的地球模型参加名为"穿戴蓝色"的世界环境日纪念活动。当天是第38个世界环境日，主题为"你的星球需要你，联合起来应对气候变化"。

布鲁塞尔科普游园——2006年6月4日，在比利时首都布鲁塞尔，为迎接6月5日"世界环境日"的到来，布鲁塞尔市政府在五十年宫公园内举行大型科普游园活动，利用制作鸟巢、观察动植物生长、感受太阳能和风能等各种活动，鼓励孩子们感受自

人类环保的足迹——环保纪事

HUANBAO DE GUOQU
XIANZAI YU WEILAI

◆布鲁塞尔科普游园

◆印度沙雕艺术家"北极熊"

然,增长科普知识,增强环保意识。

印度沙雕艺术家"北极熊"——2008年6月3日,在印度东部奥里萨邦的布里海滩,印度沙雕艺术家帕特奈克为他的沙雕做最后的修饰。该沙雕以一只皮鞋踩在北极熊身上为造型,寓意皮革工业会破坏环境。帕特奈克是为迎接6月5日世界环境日而进行此项创作的。

◆巨大的水龙头

巨大的水龙头——2005年6月5日,在巴西里约热内卢的巨型耶稣雕像前,世界自然保护基金会成员竖起一个巨型水龙头模型,以纪念第34个世界环境日。当年世界环境日的主题是"营造绿色城市、呵护地球家园"。

墨西哥装扮北极熊呼吁环保——2009年6月4日,在墨

◆墨西哥装扮北极熊

西哥金塔纳罗奥州海滨城市坎昆,绿色和平组织环保主义者扮成北极熊的模样游行。

美的"美的一天"活动——2009年5月由中华环保联合会发起主办、21CN承办、美的环境电器支持的"美的一天"大型环保公益活动正式启动。该项环保活动号召在6月5日"世界环境日"当天,"少开一天空调,多用一天风扇",度

环保的过去、现在与未来

"科学就在你身边"系列 · 29 ·

善待与共存何以可能

SHANDAI YU GONGCUN HEYI KENENG

过"美的一天"。并倡导在整个夏季期间,每星期五关闭空调使用风扇,或者将空调温度调整到26度以上。"美的一天"活动网络平台也正式上线,可以通过此网络平台参与"绿色使者"评选,最终的"绿色使者人气王"将获得4999元的现金大奖,每周网络人气最高的前50名可获得美的电风扇一台。

◆美的"美的一天"活动

环保的过去、现在与未来

社会观察

2009年6月5日上午9:30,在上海市黄浦区南京路步行街世纪广场,由中华环保世纪行(上海)宣传活动组委会、迎世博窗口服务指挥部、市环保局、黄浦区人民政府主办"六·五"世界环境日主会场宣传活动,通过组织公众参与、宣传咨询、文化艺术展演等活动,进一步唤起全社会的环境保护意识,提高社会公众的环保参与程度,美化城市生活。

[宣传口号]
□减少污染——行动起来(中国主题)
□迎世博,创建国家环保模范城市
□迎世博,构建环境友好型城市
□全面推进第四轮环保三年行动计划
□创模从我开始,世博因你精彩!
□人人是世博形象,个个都是创模力量

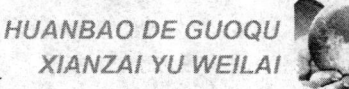

人类环保的足迹——环保纪事

☐ 环保意识高一分，城市形象美十分
☐ 创模添一分　世博美十分

环保的过去、现在与未来

SHANDAI YU GONGCUN
HEYI KENENG
善待与共存何以可能

环保的过去、现在与未来

没有饥饿——世界粮食日

"锄禾日当午，汗滴禾下土。谁知盘中餐，粒粒皆辛苦。"这是唐代诗人李绅的《悯农》，描写了粮食在种植过程中的辛劳，提醒人们珍惜粮食。去年我国的粮食丰收，却依然有很多的人在挨饿。关键是丰收的粮食被送给谁吃了。一部分给了生物燃油，而比生物燃油更多的给了畜牧养殖的动物们。这些若是拿来给人吃，就不会有这么多人挨饿了啊。世界粮食日的提出

◆农民正在收割稻谷

以唤起世界，特别是第三世界注意粮食及农业生产问题。

我的诞生记

◆世界粮食日标志

世界粮食日（World Food Day，缩写为 WFD），是世界各国政府每年在 10 月 16 日围绕发展粮食和农业生产举行纪念活动的日子。选定 10 月 16 日作为世界粮食日因为联合国粮农组织创建于 1945 年 10 月 16 日。"世界粮食日"的诞生说明人类对粮食问题有了正确的认识，世界各国开始对发展粮食

人类环保的足迹——环保纪事

和农业生产有了足够的重视。联合国粮农组织在关于世界粮食日的决议中要求，各国政府在每年10月16日要组织举办各种多样、生动活泼的庆祝活动。1981年10月16日第一个世界粮食日，世界各国的重视盛况空前。全世界有150个国家举办了大规模的庆祝活动；60多个国家发行了120多种以世界粮食日为主题的纪念邮票，还有33个国家铸造了60多种纪念币，数量达2亿枚。显示出世界人民对粮食和农业问题的关心。

◆饥饿的孩子们

◆饥饿

历年主题

2000年	没有饥饿的千年
2005年	农业与跨文化对话
2001年	消除饥饿，减少贫困
2006年	投资农业促进粮食安全以惠及全世界
2002年	水：粮食安全之源
2007年	食物权
2003年	关注我们未来的气候
2008年	世界粮食安全：气候变化和生物能源的挑战
2004年	生物多样性促进粮食安全
2009年	应对危机，实现粮食安全
2010年	团结起来，战胜饥饿

环保的过去、现在与未来

SHANDAI YU GONGCUN HEYI KENENG
善待与共存何以可能

世界趣闻——德国拟用粮食代替燃油取暖

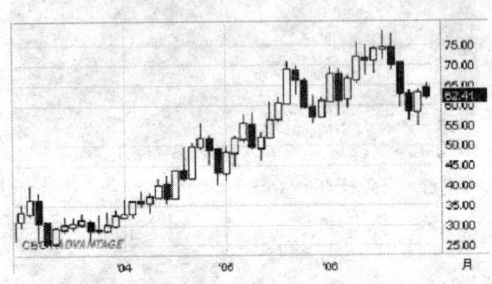

◆ 2006年国际石油价格走势

中新网柏林2000年11月16日消息 由于国际石油价格一路攀升，冬季取暖问题又迫在眉睫，德国北威州"替代能源研究中心"的农业科学家建议使用劣质粮食诸如小麦，燕麦，荞麦替代取暖用燃油。

据称，第一批用来燃烧粮食的特种取暖设备也已经在德国人口最稠密的这个州安装完毕，试验使用效果良好。德国农业科学家提出三个理由以证明用粮食代替燃油取暖的合理性：首先，燃烧粮食有利于环保，因为粮食的成份远比燃油单纯得多，既不存在复杂的技术提纯问题，也不会将例如二氧化硫一类的有害物质排放到空气中去。其次，燃烧粮食的经济性也比使用燃油要好。根据计算，燃烧粮食的成本远远低于使用燃油。何况，燃油的来源是石油，而石油的储量总是有限的，但粮食却可以是取之不尽，用之不竭的燃料来源。对燃烧粮食来代替燃烧取暖用燃油持保留态度的是德国基度教会以及德国一些左派人士。虽然有这些异议，但德国西部各州已着手试验农业科学家们提出的这项替代方案。工业界也跃跃欲试，声称这是使农业工业化的新契机。现在唯一令取暖用户望而却步的是特种取暖装备的价格居高不下。

环保的过去、现在与未来

◆ 燃烧粮食的特种取暖设备

◆ 粮食

人类环保的足迹——环保纪事

HUANBAO DE GUOQU
XIANZAI YU WEILAI

珍惜粮食倡议书

同学们,当我们看到鲜艳的五星红旗冉冉升起,当我们唱起雄壮的国歌时,我们为自己是伟大的中华人民共和国公民而自豪。但同时,你们有没有为我们的祖国忧愁呢?我国人口众多。世界上平均每五个人中就有一个中国人。根据2000年人口普查统计,我国人口已达十三亿。而我国的耕地面积呢?仅仅占世界耕地面积百分之七,却养活着占世界百分之二十二的人口。这么多人的吃饭问题成为我国第一个大问题。你们为我国这一最大的问题忧虑过吗?

◆吃着中国大米,心里装着世界温饱(杂交水稻之父——袁隆平)

有这么一组数据。2000年我国谷物、棉花、肉类的产量均占世界第一位。可是按人口平均,人均有粮食仅362公

◆粮食生产

斤,比世界平均水平还低,甚至低于一些发展中的国家。有人打过这样一个比方,12亿人口的嘴加在一起,比世界上最大的广场——天安门广场还要大。这真是一张大嘴!光是每年新增加的1500万人就要吃50亿公斤的粮食!所以,增产粮食,节约粮食,对我们的国家更有特别重大的意义。同学们都知道了国情,我们每个同学都要从现在做起,要拿出实际行动,为党为国家分忧,把爱惜粮食、节约粮食的活动扎扎实实地开展下去。

环保的过去、现在与未来

SHANDAI YU GONGCUN
HEYI KENENG

善待与共存何以可能

小知识

饥饿指数

饥饿指数是反映相对于总人口的营养不足率、未满5岁儿童的低体重率、死亡率等的综合指数。它计算了婴幼儿死亡率、营养不良人口数量占该国人口总数比例、婴幼儿体重不足比例等三个参数，相加除以三，最后得出各国饥饿指数。

饥饿指数10分以上归类为"严重"、20分以上为"不安"、30分以上为"极其不安"等。该指数依据百分制对各国进行排名，最佳得分为零分，表明该国不存在饥饿情况，而100分则为最差得分。

环保的过去、现在与未来

人类环保的足迹——环保纪事

HUANBAO DE GUOQU
XIANZAI YU WEILAI

为了你我他——世界无烟日

《香烟日记》——不知道是什么时候这个世界出现了我——香烟。更不知道从哪个时候我就背上了骂名，凡是和我的名字"烟"有关的基本就没什么好东西！这也许就是我的悲哀吧，既然来到这个世界了就应该承受时间所赋予的一切，于是乎就被人从头上点着，后边被个黑洞狂吸，而我的生命就这样结束了，我的兄弟姐妹们也都步了我的后尘，悲哀啊！用"灰飞烟灭"四个字形容我是最合适不过的了！

◆香烟中的"白色幽灵"

我的诞生记

◆禁烟标示

5月31日是"世界无烟日"，烟草是生长在南美洲的一种野生植物，最初印第安人将烟叶口嚼或做成卷烟燃烧吸吮。烟草在全球盛行了200多年，直到20世纪，人类才开始认识到烟草对人类的危害。1977年，美国癌肿协会首先提出了控制吸烟的一种宣传教育方式——无烟日。这天，在美国全国范围内进行"吸烟危害健康"的宣传，劝阻吸烟者在当天不吸烟，商店停售烟草制品一天。英国、马来西亚、香港等国家和地区也相继制定了无

环保的过去、现在与未来

SHANDAI YU GONGCUN
HEYI KENENG

善待与共存何以可能

◆世界无烟日宣传

◆世界无烟日宣传海报

烟日。

1987年11月，联合国世界卫生组织建议将每年的4月7日定为"世界无烟日"，并于1988年开始执行。但因4月7日是世界卫生组织成立的纪念日，每年的这一天，世界卫生组织都要提出一项保健要求的主题。为了不干扰其卫生主题的提出，世界卫生组织决定从1989年起将每年的5月31日定为世界无烟日，中国也将该日作为中国的无烟日。

历年主题			
2000年	不要利用文体活动促销烟草	2001年	清洁空气，拒吸二手烟
2002年	无烟体育——清洁的比赛	2003年	无烟草影视及时尚行动
2004年	控制吸烟，减少贫困	2005年	卫生工作者与控烟
2006年	烟草吞噬生命	2007年	创建无烟环境
2008年	无烟青少年	2009年	烟草健康警示
2010年	性别与烟草		
2011年	"烟草致命如水火无情，控烟履约可挽救生命"		

吸烟的危害

香烟中含有1400多种成分。吸烟时产生的烟雾里有40多种致癌物质，还有10多种会促进癌发展的物质，其中对人体危害最大的是尼古丁、一氧

人类环保的足迹——环保纪事

化碳和多种其他金属化合物。一支烟所含的尼古丁就足以杀死一只小白鼠。香烟烟雾中大量的一氧化碳与血红蛋白的结合能力比氧大 240～300 倍，严重地削弱了红细胞的携氧能力。因此，吸烟使血液凝结加快，容易引起心肌梗塞、中风、心肌缺氧等心血管疾病。更为严重的是，吸烟者还严重妨碍他人健康。研究结果表明，吸烟者吸烟时对旁人的危害比对他自己还大。

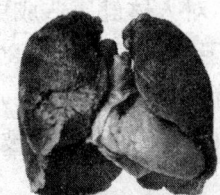
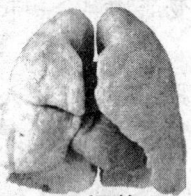

吸烟后　　吸烟前

◆吸烟前后的肺

当一支烟被点燃，并被一口一口地吸入体内时，你可知道一袭白衣的"妖精"正顺着你的呼吸道，慢慢地开始了它的这场身体掠夺之战。

男性：烟草中尼古丁有抑制性激素分泌及杀伤精子的作用。同时烟草毒素可阻碍精子和卵子的结合，大大降低了妇女的受孕机会。

女性：烟草更易影响生理，会出现月经紊乱、流产、绝经提前等症状，并使绝经后的骨质疏松症状更加严重。

二手烟的危害

二手烟也称为环境烟草烟（ETS），既包括吸烟者吐出的主流烟雾，也包括从纸烟、雪茄或烟斗中直接冒出的侧流烟。二手烟中包含 4000 多种物质，其中包括 40 多种与癌症有关的有毒物质。如被其他非吸烟人士吸进体内，亦可能和氡气的衰

◆二手烟危害下一代

◆白衣"妖精"

环保的过去、现在与未来

SHANDAI YU GONGCUN
HEYI KENENG

善待与共存何以可能

变产物混合一起，对人体健康造成更大的伤害。

早在2007年卫生部发布的《2007年中国控制吸烟报告》，报告指出，我国有5.4亿人遭受被动吸烟之害，其中15岁以下儿童有1.8亿，每年死于被动吸烟的人数超过10万，而被动吸烟危害的知晓率却只有35%。

小 贴 士
如何减少已吸入的二手烟对身体所造成的伤害

1. 多吃新鲜的蔬菜水果（如木瓜、蕃茄、胡萝卜、南瓜等蔬果。），因为维生素具有抗氧化的功能，可以抗癌。

2. 多喝水，多排尿。多运动，多排汗，可以加速排除体内的尼古丁等有害物质。

3. 专家建议，肺癌应该以预防为主，年轻人应戒烟或者尽量少抽烟。

小贴士——最早的烟草发现

烟草是生长在南美洲的一种野生植物，传说，最早的烟草是在印第安的一个女孩的院子里，是不知名的鸟带来了种子，孩子也没有除草，它就生长起来了。后来她发现这种草很好闻，就把它献给国王，国王把草点起来闻烟，烟草首次被人们发现。

目前人们普遍认为烟草最早源于美洲。考古发现，人类尚处于原始社会时，烟草就进入到美洲居民的生活中了。那时，人们在采集食物时，无意识地摘下一片植物叶子放在嘴里咀嚼，因其具有很强的刺激性，正好起到恢复体力和提神打劲的作用，于是便经常采来咀嚼，次数多了，便成为一种嗜好。

◆烟草

◆烟叶

人类环保的足迹——环保纪事

HUANBAO DE GUOQU
XIANZAI YU WEILAI

拯救蓝天——国际保护臭氧层日

◆蓝天白云

"天是蓝的，像一块刚刚用泉水冲过的玻璃，蓝得透明，蓝得醉人；海是蓝的，似一幅在微风中抖动的锦缎，蓝得晶莹，蓝得活泼。"作者马继红在《在海的怀抱》中描写道。然而，为什么天空是蓝的呢？原来太阳光里有七种颜色：红、橙、黄、绿、蓝、靛、紫。当太阳光透过厚厚的大气层时，红光跑得最快，一下子穿过去了；跟着橙、黄、绿光也闯过去了；蓝、靛光的大部分却被大气层扣留下了，它们被大气层里的浮尘、水滴推来揉去，反射来反射去的，结果把大气层"染"成蓝色的了。

我的诞生记

国际保护臭氧层日为每年的9月16日。1995年1月23日，联合国大会通过决议，确定从1995年开始，每年的9月16日为"国际保护臭氧层日"。联合国大会确立"国际保护臭氧层日"的目的是纪念1987年9月16日签署的《关于消耗臭氧层物质的蒙特利尔议定书》，要求所有缔约的国家根据"议定书"及其修正案的目标，采取具体行动纪念这一特殊日子。联合国环境规划署自1976年起陆续召开了各种国际会

◆世界保护臭氧层日宣传海报

环保的过去、现在与未来

SHANDAI YU GONGCUN
HEYI KENENG

善待与共存何以可能

◆中国国家环保总局、海关总署被授予《蒙特利尔议定书》实施奖"

议,通过了一系列保护臭氧层的决议。尤其在1985年发现了在南极周围臭氧层明显变薄,即所谓的"南极臭氧洞"问题之后,国际上保护臭氧层以及保护人类子孙后代的呼声更加高涨。

1980年,协调委员会提出了臭氧耗损严重威胁着人类和地球的生态系统这一评价结论。1981年,联合国环境规划署理事会建立了一个工作小组起草保护臭氧层的全球性公约。经过4年的艰苦工作,1985年4月,在奥地利首都维也纳通过了有关保护臭氧层的国际公约——《保护臭氧层维也纳公约》。该公约从1988年9月生效。

环保的过去、现在与未来

历年主题

2000年的主题是:拯救我们的天空:保护你自己;保护臭氧层。

2004年的主题是:拯救蓝天,保护臭氧层:善待我们共同拥有的星球。

2005年的主题是:善待臭氧,安享阳光。

2006年的主题是:保护臭氧层,拯救地球生命。

2007年的主题是:加速淘汰消耗臭氧层物质行动。

2008年的主题是:全球携手,共享益处。

2009年的主题是:全球参与,携手保护臭氧层。

2010年的主题是:臭氧层保护:治理与合规处于最佳水平。

◆阳光鲜花

人类环保的足迹——环保纪事

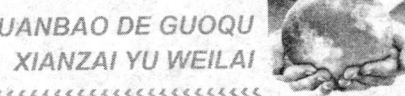

你知道吗：ODS——消耗臭氧层物质

许多科学研究证明，工业上大量生产和使用的全氯氟烃、全溴氟烃等物质，当它们被释放并上升到平流层时，受到强烈的太阳紫外线的照射，分解出氯自由基和溴自由基，这些自由基很快地与臭氧进行连锁反应，每一个氯自由基可以摧毁 10 万个臭氧分子。人们把这些破坏大气臭氧层的物质称为"消耗臭氧层物质"，因其英文名称为 Ozone Depleting Substances，取其英文名称字头组成缩写，简称 ODS。

 动动手——人类能做些什么

1. 做一名爱护臭氧层的消费者：购买带有"爱护臭氧层"或"无氯氟化碳"标志的产品（如气雾剂罐、冰箱、灭火器等）。这些产品的标识中应该表明不含象氯氟化碳或哈龙这样的消耗臭氧层物质。向销售人员了解更多的情况，以确保是爱护臭氧层的产品。告诉你的邻居你是骄傲的爱护臭氧层产品的拥有者。

2. 做一名爱护臭氧层的一家之主：合理地处理废旧冰箱和电器。在丢弃电器之前，应该去除其中的氯氟化碳和氯氟烃制冷剂（向城镇的公众服务部门或家电公司询问有关电器制冷剂再利用计划的情况）。那些不再需要的手提式哈龙灭火器应该交还消防部门以便循环利用。按照消防部门的推荐，考虑购买不含哈龙的灭火器（如：干粉灭火器）。

◆无氟冰箱

3. 做一名爱护臭氧层的制冷维修技师：

确保维护期间从空调、冰箱或冷柜中回收的冷却剂不会排空或释放到大气中去。做好常规的检验和修理泄漏，以免发生问题。在你生活的地区，帮助实行冷却剂的回收再利用计划。

善待与共存何以可能

◆绿色奥运——保护臭氧层

4. 做一名爱护臭氧层的办公室员工：

帮助你的公司鉴定现有设备（如水冷机、空调、清洗剂、灭火器）和购买的用品（如气雾剂、海绵垫/床垫、涂改液）中哪些使用了消耗臭氧层的物质，并且制订一个计划，用经济有效的替换物来替换它们。做你办公室里的环保先锋。

5. 做一个爱护臭氧层的公司：

替换在办公室和生产过程中所用的消耗臭氧层物质（可向国家臭氧机构了解你是否可以从多边基金得到财政和技术方面的帮助）。如果你的产品中含有消耗臭氧层物质，那么你要用那些不会破坏臭氧层的替代物来改变产品的成份。

6. 做一名爱护臭氧层的教师：

告诉你的学生关于保护环境，特别是保护臭氧层的重要性。让学生们知道那些消耗臭氧层物质对大气以及人类健康的破坏性影响，以及国内外为了解决这一问题而采取的行动。鼓励学生们向他们的家庭普及这些知识。

7. 做一名爱护臭氧层的社区组织者：

向你的家庭、邻居和朋友们宣传有关保护臭氧层的必要性，并且帮助他们积极参加保护臭氧层的活动。与非政府组织合作，协助实施信息宣传和技术援助项目，在你所住的城镇乡村淘汰消耗臭氧层物质。

人类环保的足迹——环保纪事

HUANBAO DE GUOQU
XIANZAI YU WEILAI

地球不能承受之重
——世界人口日

一个私人机构的人口资料社于 2000 年 6 月 8 日公布的一份报告说到 21 世纪中叶世界人口可能将达到 90 亿。下面是目前世界上人口最多的 10 个国家 1. 中国 13 亿；2. 印度 10 亿；3. 美国 2.75 亿；4. 印度尼西亚 2.12 亿；5. 巴西 1.7 亿；6. 巴基斯坦 1.51 亿；7. 俄罗斯 1.45 亿；8. 孟加拉国 1.28 亿；9. 日本 1.27 亿；10. 尼日利亚 1.23 亿。

◆世界人口日主题海报 1

我的诞生记

1987 年 7 月 11 日，前南斯拉夫的一个婴儿降生，被联合国象征性地认定为是地球上第 50 亿个人，并宣布地球人口突破 50 亿大关。联合国人口活动基金会（UNEPA）倡议将这一天定为"世界 50 亿人口日"。1990 年，联合国决定将每年的 7 月 11 日定为"世界人口日"，以唤起人们对人口问题的关注。

◆世界人口日主题海报 2

环保的过去、现在与未来

SHANDAI YU GONGCUN HEYI KENENG
善待与共存何以可能

◆世界人口日主题海报3

根据联合国开发计划署理事会第36届会议建议，为引起世界各国政府和人民对人口问题的重视，联合国人口基金要求各国政府、民间团体在此期间开展"世界人口日"活动。此后，每年7月11日世界各国都要开展宣传活动。

1995年2月15日，北京妇产医院一个重3.7千克婴儿出生，宣告中国第12亿个公民到来。距1989年4月11日"11亿人口日"不足2000天，庞大人口列车又增加了1亿名新乘客。1999年10月12日世界人口达60亿，联合国确定那天为世界"60亿人口日"。

环保的过去、现在与未来

历年主题

1996年	生殖健康与艾滋病		
1997年	为了新一代及其生殖健康和权力		
1998年	走向60亿人口日	1999年	60亿人口日开始倒计时
2000年	气象服务五十年	2001年	天气、气候和水的志愿者
2002年	降低对天气和气候极端事件的脆弱性		
2003年	关注我们未来的气候		
2004年	信息时代的天气、气候和水	2005年	天气、气候、水和可持续发展
2006年	预防和减轻自然灾害	2007年	极地气象：认识全球影响
2008年	观测我们的星球，共创更美好的未来		
2009年	天气、气候和我们呼吸的空气		
2010年	"每个人都很重要"	2011年	"关注70亿人的世界"

人类环保的足迹——环保纪事

HUANBAO DE GUOQU
XIANZAI YU WEILAI

社会调查——飞奔的世界人口

世界人口的历史变化：据科学考证，公元前100万年，世界人口仅1～2万人。在旧石器时代，世界人口翻一番要3万年之久；到公元初，世界人口翻一番缩短到1000年；而到了15世纪中期，世界人口翻一番则缩短为15年。1830年，世界人口达到第一个10亿；1930年突破20亿；1960年达到30亿；1975年达到40亿；1987年达到50亿；1997年达到60亿！世界人口每增长10亿人，所需的时间分别缩短为100年；30年；15年；12年；10年！世界人口的列车正以越来越快的速度向前飞奔，等待人类的又是什么呢？

◆2007年百米飞人盖伊

计划生育

1949～1964年，我国人口从5亿增加到7亿，每增加1亿要用7年半时间。而1964～1974年，10年间由7亿增加至9亿，每增加1亿只用了5年时间！

1978年2月，计划生育政策作为基本国策列入《中华人民共和国宪法》之中。从1974年到1995年的21年间，人口在巨大惯性下增加了3亿，每增加1亿人口所用的时

◆计划生育标志

环保的过去、现在与未来

"科学就在你身边"系列 · 47 ·

SHANDAI YU GONGCUN
HEYI KENENG

善待与共存何以可能

◆人是需要读书的

间又延长至 7 年。从 1970 年至今，中国少增加 3 亿人，现在人口出生率稳定在千分之二十以下，并且在不断下降，按国际通用标准，中国已属于低生育率国家。如果不实行计划生育，按 1973 年中国生育水平来推算，早在 1986 年和 1994 年，人口就分别达到了 12 亿和 15 亿。正是对人类自我再生产的"理性革命"，使中国"11 亿人口日"推迟了 5 年，"12 亿人口日"推迟了 9 年……

 广角镜——惊人的数字

◆惊讶的表情

世界上半数人口年龄在 25 岁以下。大约 30 亿孩子和年轻人处于，或将进入生育年龄。生活在发展中国家的 15 亿年轻人（年龄在 10 至 24 岁）的美好未来的起点是普及生殖健康，包括计划生育。

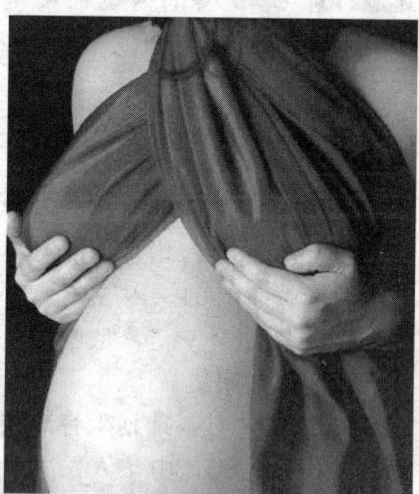

◆怀孕

在 57 个发展中国家，40% 以上的人口年龄在 15 岁以下。

环保的过去、现在与未来

人类环保的足迹——环保纪事

　　2000年，每日靠不到1美元维持生活的青年人数估计是2.38亿，几乎占世界全部青年人口的四分之一。尽管在许多地区人们趋向晚婚，但在发展中国家，仍有8200万现龄10至17岁的女孩会在未满18岁时结婚。

　　在最不发达国家，20岁以下女性生育的比例是发达国家的2倍。这给她们自身及婴儿的生命都带来了危险。怀孕是造成15至19岁女性死亡的最主要原因，其中分娩并发症和非安全流产是主要因素。由于生理和社会原因，15至19岁的女孩分娩时死亡发生率是20多岁女性的2倍，15岁以下的女孩是其5倍。

环保的过去、现在与未来

善待与共存何以可能

灾害不相信眼泪
——国际减轻自然灾害日

震前预兆·动物篇：震前动物有前兆，发现异常要报告；牛马骡羊不进圈，猪不吃食狗乱咬；鸭不下水岸上闹，鸡飞上树高声叫；冰天雪地蛇出洞，老鼠痴呆搬家逃；兔子竖耳蹦又撞，鱼儿惊慌水面跳；蜜蜂群迁闹哄哄，鸽子惊飞不回巢。"自然灾害"是人类依赖的自然界中所发生的异常现象，自然灾害对人类社会所造成的危害往往是触目惊心的。这些自然灾害和环境破坏之间又有着复杂的相互联系。人类要从科学的意义上认识这些灾害的发生、发展以及尽可能减小它们所造成的危害，已是国际社会的一个共同主题。

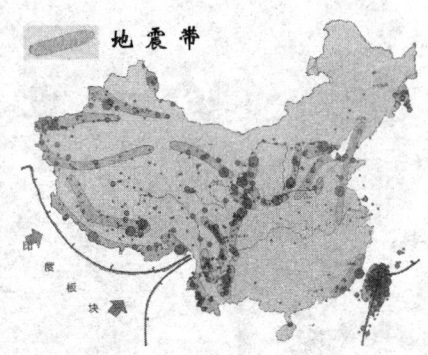
◆中国地震带分布图

我的诞生记

◆如何在自然灾害中生存？

国际减灾十年是由原美国科学院院长弗兰克·普雷斯博士于1984年7月在第八届世界地震工程会议上提出的。此后这一计划得到了联合国和国际社会的广泛关注。联合国分别在1987年12月11日通过的第42届联大169号决议、1988年12月20日通过的第43届联大203号决议，以及经济及社会理事会1989年的99号

人类环保的足迹——环保纪事

HUANBAO DE GUOQU XIANZAI YU WEILAI

决议中，都对开展国际减灾十年的活动作了具体安排。1989年12月，第44届联大通过了经社理事会关于国际减轻自然灾害十年的报告，决定从1990年至1999年开展"国际减轻自然灾害十年"活动，规定每年10月的第二个星期三为"国际减少自然灾害日"。

"国际减轻自然灾害十年"国际行动纲领首先确定了行动的目的和目标。行动的目的是：透过一致的国际行动，特别是在发展中国家，减轻由地震、风灾、海啸、水灾、土崩、森林大火、旱灾和沙漠化以及其它自然灾害所造成的人命财产损失和社会经济的失调。

◆西班牙南部发生山林大火

◆美国中西部遭暴雨袭击

环保的过去、现在与未来

 小知识

1990年10月10日是第一个"国际减灾十年"日，联大还确认了"国际减轻自然灾害十年"的国际行动纲领。2001年联大决定继续在每年10月的第二个星期三纪念国际减灾日，并借此在全球倡导减少自然灾害的文化，包括灾害防止、减轻和备战。

SHANDAI YU GONGCUN HEYI KENENG
善待与共存何以可能

历年主题

1995年　妇女和儿童——预防的关键
1996年　城市化与灾害
1997年　水：太多、太少——都会造成自然灾害
1998年　防灾与媒体
1999年　减灾的效益——科学技术在灾害防御中保护了生命和财产安全
2000年　防灾、教育和青年——特别关注森林火灾
2001年　抵御灾害，减轻易损性
2002年　山区减灾与可持续发展
2003年　面对灾害，更加关注可持续发展
2004年　总结今日经验、减轻未来灾害
2005年　利用小额信贷和安全网络，提高抗灾能力
2006年　减灾始于学校
2007年　防灾、教育和青年
2008年　自然灾害避灾自救知识
2009年　让灾害远离医院
2010年　建设具有抗灾能力的城市：让我们做好准备！

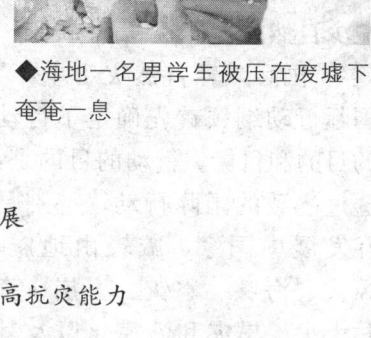

◆海地一名男学生被压在废墟下奄奄一息

◆雅加达洪水

◆四川大地震

环保的过去、现在与未来

人类环保的足迹——环保纪事

HUANBAO DE GUOQU
XIANZAI YU WEILAI

广角镜

森林火灾,是指失去人为控制,在林地内自由蔓延和扩展,对森林、森林生态系统和人类带来一定危害和损失的林火行为。森林火灾是一种突发性强、破坏性大、处置救助较为困难的自然

小书屋——针对地震的应急措施

1. 发生地震时先不要恐慌。破坏性地震从人感觉震动到建筑物被破坏平均只有12秒钟,在这短短的时间内应根据所处环境迅速作出保障安全的抉择。

2. 公共场所先找藏身处。学校、影剧院等人群聚集的场所如果遇到地震,最忌慌乱,应立即躲在课桌、椅子或坚固物品下面,待地震过后再有序地撤离。

3. 远离危险区。如在街道上遇到地震,应用手护住头部,迅速远离楼房,到街心一带。

4. 被埋要保存体力。如果震后不幸被废墟埋压,要尽量保持冷静,设法自救。无法脱险时,要保存体力,尽力寻找水和食物,创造生存条件,耐心等待救援。

◆四川地震后

环保的过去、现在与未来

知识库——20世纪十大自然灾害

1. 北美黑风暴:1934年5月11日凌晨,美国西部草原地区发生了一场空前未有的黑色风暴。大风整整刮了3天3夜,形成一个东西长2400公里,南北宽1440公里,高3400米的迅速移动的巨大黑色风暴带。风暴所经之处,溪水断

SHANDAI YU GONGCUN
HEYI KENENG

善待与共存何以可能

◆北美黑风暴

◆秘鲁大雪崩

环保的过去、现在与未来

◆孟加拉国特大水灾

◆印度鼠疫大流行

◆喀麦隆湖底毒气

流,庄稼枯萎,牲畜渴死,成千上万的人流离失所。

2. 秘鲁大雪崩:1970年5月31日20时30分,在秘鲁安第斯山脉的瓦斯卡兰山区。当时,周边地区不少人都已进入了梦乡。突然,远处传来了雷鸣般的响声。这是迄今为止,世界上最大最悲惨的雪崩灾祸。

3. 孟加拉国特大水灾:1987年7月,孟加拉国经历了有史以来最大的一次水灾。在短短两个月间,孟加拉国64个县中有47个县受到洪水和暴雨的袭击。联合国就此展开了两项粮食供给计划。

4. 印度鼠疫大流行:1994年9~10月间,印度遭受了一场致命的瘟疫,30万苏拉特市民逃往印度的四面八方,同时也将鼠疫带到了全国各地。恐惧的心理甚至蔓延到了世界各地……

5. 喀麦隆湖底毒气:1986年8月21日晚,一声巨响划破了长空。次日清晨,喀麦隆高原美丽的山坡上,水晶蓝色的尼奥斯河突然变得一片血红,后来专家终于查出了"杀人凶手"——喀麦

人类环保的足迹——环保纪事

◆雾都劫难

◆百慕大地区神秘灾难

隆湖底突然爆发的毒气。

6. 雾都劫难：1952年12月4日，英国伦敦连续的浓雾将近一周不散，整个城市为浓雾所笼罩，陷入一片灰暗之中。期间，有4700多人因呼吸道疾病而死亡；雾散以后又有8000多人死于非命，"雾都劫难"震惊世界。

7. 百慕大地区神秘灾难：据说自从1945年以来，在百慕大这片地区已有数以百计的飞机和船只神秘失踪，失踪仿佛是在一瞬间完成……百慕大这个黑洞，至今还没有看见底。

8. 通古斯大爆炸：
1908年6月30日凌晨，一场罕见的惨祸降临到西伯利亚偏僻林区。当时天空出现一道强烈的火光，刹那间一个巨大的火球几乎遮住了半边天空。爆炸产生的冲击波，其破坏力相当于500枚原子弹和几枚氢弹的威力。

9. 智利大海啸：1960年5月，厄运又笼罩了这个多灾多难的国家，海啸波以每小时几百公里的速度横扫了太平洋沿岸，把智利的康塞普西翁、塔尔卡瓦诺、奇廉等城市摧毁殆尽，造成200多万人无家可归。

10. 唐山大地震：1976年7月28日3时42分，能量比日本广岛爆炸的原子弹强烈400倍的大地震发生了。河北省唐山市在一瞬间顿成废墟，一片死寂，20多万人倒在了废墟之下。

◆通古斯大爆炸

◆智利大海啸

◆唐山大地震

环保的过去、现在与未来

SHANDAI YU GONGCUN
HEYI KENENG

善待与共存何以可能

生命之源——世界水日

在我国古代，有一句俗语深入人心，那就是"一方水土养一方人"。水，作为生命之液哺育着人类和天地间万千生物。但进入21世纪，因为人口增长、不合理使用、污染和全球变暖，地球生命之液已经向人类亮出黄牌。民以食为天，而粮食生产离不开充足的水源。资源短缺给粮食安全和人类生存带来危害。水对保证人类健康至关重要，健康状况的改善则是实现经济增长的重要先决条件。

◆在法国圣马洛的海边，两名男孩在涨潮时踏浪而行

环保的过去、现在与未来

我的诞生记

◆小水滴

为了唤起公众的水意识，需建立一种更为全面的水资源可持续利用的体制和相应的运行机制，1993年1月18日，第47届联合国大会根据联合国环境与发展大会制定的《21世纪行动议程》中提出的建议，通过了第193号决议，确定自1993年起，将每年的3月22日定为"世界水日"，以推动对水

人类环保的足迹——环保纪事

HUANBAO DE GUOQU XIANZAI YU WEILAI

资源进行综合性统筹规划和管理,加强水资源保护,解决日益严峻的缺水问题。同时,通过开展广泛的宣传教育活动,增强公众对开发和保护水资源的意识。

广角镜——世界水资源现状

说起来,地球的储水量是很丰富的,共有14.5亿立方千米之多。但是其中海水却占了97.2%,陆地淡水仅占2.8%,而与人类生活最密切的江河、淡水湖和浅层地下水等淡水,又仅占淡水储量的0.34%。更令人担忧的是,这数量极有限的淡水,正越来越多地受到污染。

据科学界估计,全世界有半数以上的国家和地区缺乏饮用水,特别是经济欠发达的第三世界国家,目前已有70%,即17亿人喝不上清洁水,世界已有将近80%人口受到水荒的威胁。我国人均淡水为世界人均水平的四分之一,属于缺水国家,全国已有300多个城市缺水,已有29%的人正在饮用不良水,其中已有7000万人正在饮用高氟水。每年因缺水而造成的经济损失达100多亿元,因水污染而造成的经济损失更达400多亿元。

◆一位小伙子在长沙街头的公共免费直饮水机上饮水

以上数据充分说明:水资源短缺成了当今世界面临的重大课题。前不久,联合国的人类环境和世界水会议已发出警告:人类在石油危机之后,下一个危机就是水。因此,保护和更有效合理利用水资源,是世界各国政府面临的一项紧迫任务。从环境角度来说,最完善的措施是拦水和调水。改变水资源的时空

◆在巴基斯坦的卡拉奇,一群孩子在等待政府工作人员分配饮水

环保的过去、现在与未来

善待与共存何以可能

分布,充分利用水资源。我们必须增强水的危机意识,珍惜水,节约水,保护水资源。

历年主题			
2001年	"21世纪的水"	2002年	"水与发展"
2003年	"水——人类的未来"	2004年	"水与灾害"
2005年	"生命之水"	2006年	"水与文化"
2007年	"水利发展与和谐社会"	2008年	"涉水卫生"
2009年	"跨界水——共享的水、共享的机遇"		
2010年	"关注水质、抓住机遇、应对挑战"		
2011年	"城市水资源管理"		

世界水日大行动

◆节约用水

为缓解严峻的水形势:一是节水优先。这主要体现在控制需求,创建节水型社会。在国家发展过程中,选择适当的发展项目,建立"有多少水办多少事"的理念,杜绝水资源浪费。二是治污为本。这要求我国的水污染防治战略应尽快实行调整,从末端治理转向源头控制和全过程控制。三是多渠道开源。这主要指开发非传统水资源。

现在世界各国纷纷转向非传统水资源的开发。非传统水资源包括:雨水、再生的污废水、海水、空中水资源。另外,随着技术进步,海水淡化成本趋低,并且海水可以直接用作工业冷却用水和冲洗用水。

红十字会开展了大规模援助项目:2005年在红十字会启动供水工程之前,赞比亚小镇马查的卫生状况就那样恶劣:疟疾和腹泻在儿童中尤为流

人类环保的足迹——环保纪事

HUANBAO DE GUOQU
XIANZAI YU WEILAI

行。因为公共卫生设施不完备,当地的学校不得不关闭。因为厕所不够,许多村民在灌木丛中便溺。尤其在雨季,污水被河水冲刷出来,就会有发生瘟疫的危险。对村的妇女来说,每天只能给家人搞到10到20升水,生活真是可悲。河流离家很远,她们每天能挑回来的那点水总是不够用。红十字会开展了大规模援助项目:在住房附近打了水井,修缮并新建了厕所,让村民

◆革命圣地江西瑞金,毛泽东当年带领群众挖的水井

明白卫生习惯对于健康的重要性。学校可以重新开课了。学童现在甚至穿上了干净的校服。赞比亚红十字会的志愿者为这个项目出了力,2006年它将扩大实施范围。长期缺水和缺乏污水处理设施也是制约穷国发展的一大障碍。健康则是推动经济良好运行的发动机。

历史趣闻

水

人类很早就知道水、利用水,水无色、无味、无嗅、透明,是自然界中最常见的液体。古代哲学家们认为,水是万物之源,万物皆复归于水,所以一直把水、火、气、土当作四个基本元素,由它们构成世界上一切物体。

直到1784年英国科学家卡文迪许用实验才证明水不是元素,是由两种气体化合而成的产物。1809年,法国化学家盖·吕萨克测定,1体积氧气和2体积氢气化合,生成2体积水蒸气。后来的科学家便据此定出了水的分子式:H_2O。

环保的过去、现在与未来

世界趣闻——北美4100万人每天喝"药水"

北美有丰富的淡水资源(占全世界淡水资源的大约13%),但有时还是感到

SHANDAI YU GONGCUN HEYI KENENG
善待与共存何以可能

◆一杯水

水资源不足的压力。作为加拿大大草原主要水源的冰川和积雪地正在萎缩。某些城市也存在供水紧张、饮用水存在安全隐患的问题。

据最近进行的一项水调查发现，美国有4100万人的饮用水中含有多种药物成分，包括抗生素、抗痉挛药物、镇静剂等。尽管饮用水中药物含量甚微，不会即刻损害健康，但科学家担心，通过饮水长期摄入这些药物可能会危害健康。

环保的过去、现在与未来

人类环保的足迹——环保纪事

一个都不能少——国际生物多样性日

在2010年播出的电影《阿凡达》中，潘多拉星球内部展现给我们的，就是一个生态系统，它就像一个四通八达的神经网络，盘根错节，其中每一个生物都是一个信息连接点，破坏任何一个都会触发蝴蝶效应，牵一发而动全身。其实电影本质告诉我们的就是生物的多样性。生物多样性是人类社会赖以生存和发展的基础。我们的衣、食、住、行及物质文化生活的许多方面都与生物多样性的维持密切相关。

◆海底世界

我的诞生记

生物多样性是地球上生命经过几十亿年发展进化的结果，是人类赖以生存的物质基础。为了保护全球的生物多样性，1992年在巴西当时的首都里约热内卢召开的联合国环境与发展大会上，153个国家签署了《保护生物多样性公约》。1994年12月，联合国大会通过决议，将每年的12月29日定为"国际生物多样性日"，

◆非洲牛羚大迁徙

环保的过去、现在与未来

"科学就在你身边"系列

SHANDAI YU GONGCUN HEYI KENENG
善待与共存何以可能

◆外来物种——疯狂的葛根

◆最具侵略性的动物之一——食肉的蛇头鱼

以提高人们对保护生物多样性重要性的认识。2001年5月17日，根据第55届联合国大会第201号决议，国际生物多样性日改为每年5月22日。

历年主题

2001年 "生物多样性与外来入侵物种管理"
2002年 "林业生物多样性"
2003年 "生物多样性和减贫——对可持续发展的挑战"
2004年 "生物多样性：全人类食物、水和健康的保障"
2005年 "生物多样性——变化世界的生命保障"
2006年 "保护干旱地区的生物多样性"
2007年 "生物多样性与气候变化"
2008年 "生物多样性与农业"
2009年 "外来入侵物种"
2010年 "生物多样性就是生命，生物多样性也是我们的生命"
2011年 "青年与生物多样性"

环保的过去、现在与未来

全球物种现状是怎样？

据估计，地球上生物约有300万～1000万种以上，但至今有案可查的仅

人类环保的足迹——环保纪事

HUANBAO DE GUOQU
XIANZAI YU WEILAI

◆濒临灭绝的墨西哥散步鱼

◆灭绝已久的暴龙

150万种,经人类研究和加以利用的只是其中的一小部分。很多物种还没来得及定名就已灭绝。

　　由于人类的活动,地球上的原始森林已由19世纪的55亿公顷减少到现在不足28亿公顷,每年减少面积约为2000万公顷,其中1100万公顷是热带雨林。无数的动植物在人类还没认识它们之前就随着原始森林的砍伐、污染、围湖填海等原因提前从地球上消失了。

　　不同类型的生态系统面积锐减,无法再现的基因、物种和生态系统正以前所未有的速度消失。如果不立即采取有效措施,人类将面临能否继续以其固有方式生活的挑战。生物多样性的研究、保护和持续合理利用亟待加强,刻不容缓。中国是生物多样性特别丰富的国家,以高等植物为例,中国约有3万种,美国及加拿大共约1.8万种,整个欧洲仅1.2万种。

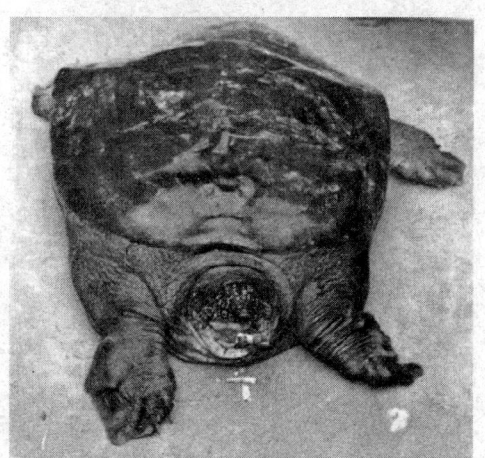
◆世界仅剩4只的斑鳖

◆荆州石首麋鹿自然保护区

环保的过去、现在与未来

　　由于中国是人口最多的国家,而且80%人口分布在农村,对生物多样性具有很大的依赖性。中国经济的高速发展和庞大的人口压力给生物多样性造成很大影响,致使中国成为生物多样性受到严重威胁的国家。在《濒危野生动植物种国际贸易公约》列出的640个世界性濒危物种中,中国就占了约25%,共156种,

善待与共存何以可能
SHANDAI YU GONGCUN HEYI KENENG

形势十分严峻。

小知识

新物种的发现

在目前的生物种系中，至少有一半以上生活在热带雨林中。现在每年在非洲热带雨林中还能发现200多种新植物。

动动手——保护生物多样性

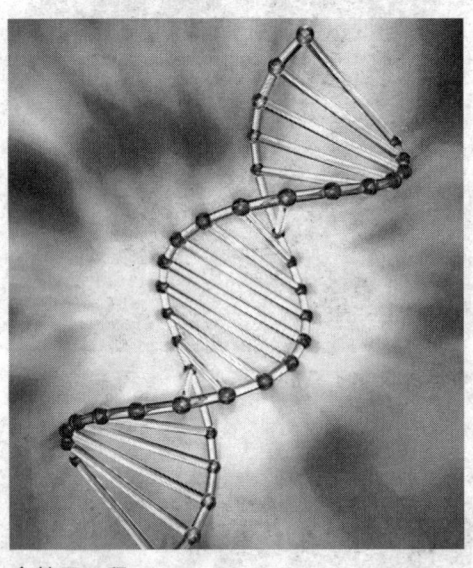

◆基因工程

保护生物多样性的措施主要有三条：

（1）建立自然保护区。建立自然公园和自然保护区已成为世界各国保护自然生态和野生动植物免于灭绝并得以繁衍的主要手段。我国的神农架、卧龙等自然保护区，对金丝猴、熊猫等珍稀、濒危物种的保护和繁殖起到了重要的作用。

（2）建立珍稀动物养殖场。由于栖息繁殖条件遭到破坏，有些野生动物的自然种群，将来势必会灭绝。为此，从现在起就必须着手建立某些珍稀动物的养殖场，进行保护和繁殖，或划定区域实行天然放养。如泰国对鲜鱼的养殖。

（3）建立全球性的基因库。如为了保护作物的栽培及其会灭绝的野生亲缘种，建立全球性的基因库网。现在大多数基因库贮藏着谷类、薯类和豆类等主要农作物的种子。

HUANBAO DE GUOQU
XIANZAI YU WEILAI

人类环保的足迹——环保纪事

生活小观察

作为普通公民,我们能为生物多样性保护做些什么呢?最显而易见的是反对、监督、制止偷猎、采摘珍稀野生动植物的行为,让野生动植物远离我们的餐桌。穿着野生动物皮毛服装也是我们所不齿的行为。同时,在发展生产的同时,尽可能保护野生动植物的栖息地。

历史探秘——地球上最早的生物盘

地球上迄今已发现的最古老的岩石,用放射测定法测出的年龄是38亿年。但是,通过测定陨石和月球岩石的年龄以及其他天文学的证据表明,地球与太阳系的形成大约在46亿年前。通过对1978～1980年澳洲西部出土的丝状化石的研究,表明大约在35亿年前,地球上便出现了原核生物。最早的原核生物可能是异养生物。在南非的岩石中所发现的化石表明,距今31～34亿年前蓝藻类(蓝细菌)开始形成。蓝藻是能够进行光合作用的原核生物。

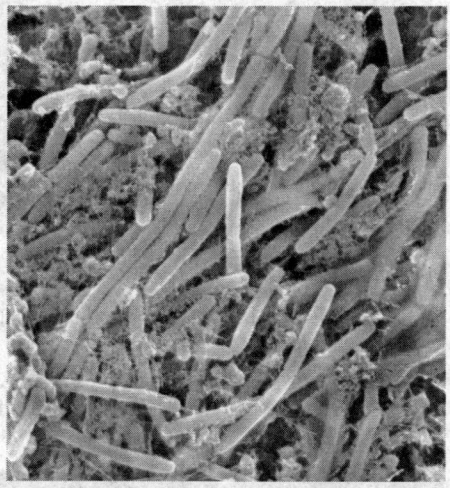

◆原核生物

环保的过去、现在与未来

"科学就在你身边"系列

善待与共存何以可能

把土地还给我们
——世界防治荒漠化和干旱日

"车窗外是茫茫的大戈壁,没有山,没有水,也没有人烟。天和地的界限并不那么清晰,都是浑黄一体。"这是小学五年级语文课文《白杨》中的一段对沙漠戈壁的描写。荒漠化被称作"地球的癌症",指由于人为和自然因素的综合作用,使得干旱、半干旱甚至半湿润地区自然环境退化(包括盐渍化、草场退化、水土流失、土壤沙化、狭义沙漠化、植被荒漠化、历史时期沙丘前移入侵等以某一环境因素为标志的具体的自然环境退化)的总过程。

◆沙漠风景

我的诞生记

◆世界防治荒漠化和干旱日宣传—1

1977年联合国荒漠化会议正式提出了土地荒漠化这个世界上最严重的环境问题。1992年6月,包括时任中国总理李鹏在内的100多个国家元首和政府首脑与会、170多个国家派代表参加的巴西里约环境与发展大会上,荒漠化被列为国际社会优先采取

人类环保的足迹——环保纪事

行动的领域。之后，联合国通过了 47/188 号决议，成立了《联合国关于在发生严重干旱和/或荒漠化的国家特别是在非洲防治荒漠的公约》政府间谈判委员会。公约谈判从 1993 年 5 月开始，历经 5 次谈判，于 1994 年 6 月 17 日完成。"6.17" 即为国际社会对防治荒漠化公约达成共识的日子。

◆世界防治荒漠化和干旱日宣传－2

◆风蚀

 什么是荒漠化？

荒漠化是指气候异常和人类活动等因素造成的干旱、半干旱和亚湿润干旱地区的土地退化。"干旱区、半干旱区和亚湿润干旱地区"是指年降雪量与潜在蒸发散量之比在 0.05～0.65 之间的地区，不包括极区与亚极区。"土地退化"是指由于一种作用或数种作用结合导致的干旱区、半干旱区和

◆水土流失

亚湿润干旱地区雨浇地、水浇地或草原、牧场和林地的生物或经济生产力的降低或丧失。其中包括：风蚀和水蚀所引起的土壤物质流失；土壤的物理、化学及生物学特性或经济特性的退化；自然植被的长期丧失。

地球陆地表面极薄的一层物质就是土壤层，它对于人类和陆生动植物生存极为关键。没有土壤层，地球上就不可

◆"不毛之地"

SHANDAI YU GONGCUN HEYI KENENG
善待与共存何以可能

能生长任何草木、谷物，不可能有动物和人类的生存。荒漠化不仅造成贫困，而且迫使人们离开故土，造成严重可怕的移民浪潮。荒漠化被视为人类在环境领域面临的三大挑战之一。

◆2007年5月17日，几名治沙队员在内蒙古赤峰市塞罕坝地区荒地上植树造林

◆内蒙古浑善达克沙地生态环境逐步好转

历年主题

2002年 荒漠化与土地退化	2003年 水资源管理
2004年 移民与贫困	2005年 妇女与荒漠化
2006年 沙漠美景向荒漠化挑战	2007年 荒漠化与气候变化
2008年 保护生态环境	
2009年 保护土地和水就是保障我们共同的未来	
2010年 荒漠化与气候变化——一个全球性的挑战	
2011年 林木维系荒漠生机	

广角镜：治沙尘暴抗荒漠化新技术在我国诞生——"沙漠小龙王"

将1克白色粉末放入300克容量的玻璃杯里，兑上清水，5分钟后，粉末膨胀成一粒透明胶体粒子，漫溢杯口。这种粉末名为"土壤保水调理剂"，是治理沙尘暴、抗荒漠化技术（CDT）的一项重大突破性成果。由于它能吸收自身体积300至500倍的水肥，用于荒漠地区的植被建设，可为植物提供足够水肥资源，为此人们称之为"沙漠小龙王"。

我国西北部地区大都干旱或半干旱，年降雨量只有200至300毫米，且集中在7、8月份，这与草树植物生长需要持续、均衡的水肥是一对矛盾。"土壤保水

人类环保的足迹——环保纪事

HUANBAO DE GUOQU
XIANZAI YU WEILAI

调理剂"的特点就是能有效地化解这一矛盾。只要将它与草树植物同步入土，就会将栽种植物时所浇的水肥吸收、储存起来，然后盘结在根部慢慢向植物输送营养。以后只要天降雨水，它便能将雨水快速储存起来，成为植物的"微型水库"。

据了解，1粒比蒲公英籽还小的"土壤保水调理剂"粉剂，吸收水肥后能膨胀到蚕豆般大小，并能持续1个月向植物输送水肥。

◆沙漠绿洲

> **警 告**　　中国可能进入沙尘频发期
>
> 　　自1999年以来，我国北方地区的沙尘天气正呈增加趋势。中国气象局副局长李黄日前说，按以往的规律，这很可能预示着中国正进入新的沙尘天气的频发期。根据对公元300年以来的气象资料分析，中国历史上曾出现5次沙尘天气的频发期，每次相隔时间在100年左右，每个频发期持续90至100年左右，上个频发期高峰出现在1880年，1900年至2000年进入间歇期，按照这个规律，目前中国很可能正进入第六个频发期。

环保的过去、现在与未来

最后的生态绿地
——国际湿地日

◆湿地鸟类

"关关雎鸠，在河之洲。窈窕淑女，君子好逑。"此乃《诗经·周南·关雎·先秦》中经典诗句，其中描写的就是湿地的美好风景。湿地指不问其为天然或人工、常久或暂时性的沼泽地、湿原、泥炭地或水域地带，带有或静止或流动、或为淡水、半咸水或咸水水体，包括低潮时水深不超过六米的水域。湿地与森林、海洋并称全球三大生态系统，被誉为"地球之肾"、"天然水库"和"天然物种库"。

我的诞生记

◆2006年12月5日，数百只流苏鹬掠过印度艾哈迈达巴德附近的一处湿地

湿地是全球价值最高的生态系统，据联合国环境署2002年的权威研究数据表明，一公顷湿地生态系统每年创造的价值高达1.4万美元，是热带雨林的7倍，是农田生态系统的160倍。湿地是环境保护的重要领域，不同的国家和专家对湿地有不同的定义。我国科学家

人类环保的足迹——环保纪事

对湿地定义是：陆地上常年或季节性积水（水深2米以内，积水达4个月以上）和过湿的土地，并与其生长、栖息的生物种群，构成的生态系统。常见的自然湿地有：沼泽地、泥炭地、浅水湖泊、河滩、海岸滩涂和盐沼等。

◆2006年8月16日拍摄的罗马尼亚多瑙河三角洲

为加强对湿地的保护和利用，1971年2月2日，来自18个国家的代表在伊朗南部海滨小城拉姆萨尔签署了《关于特别是作为水禽栖息地的国际重要湿地公约》。

◆湿地照片－1

◆湿地照片－2

历年主题

2006年　湿地与减贫
2007年　湿地与鱼类
2008年　健康的湿地，健康的人类
2009年　从上游到下游，湿地连着你和我
2010年　湿地、生物多样性与气候变化
2011年　湿地与森林

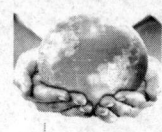

SHANDAI YU GONGCUN
HEYI KENENG

善待与共存何以可能

环保的过去、现在与未来

世界探秘——湿地之最

◆潘塔纳尔沼泽地

世界上最大的湿地是巴西中部马托格罗索州的潘塔纳尔沼泽地,面积达25万平方公里。中国最大的湿地是拉萨的拉鲁湿地,总面积6.2平方公里,平均海拔3645米。

你知道吗——湿地分类

海域 潮下海域:低潮时水深不足6米的永久性无植物生长的浅水水域,包括海湾和海峡;潮下水生植被层,包括各种海草和热带海洋草甸;珊瑚礁。潮间海域:多岩石的海滩,包括礁崖和岩滩;碎石海滩;潮间无植被的泥沙和盐碱滩;潮间有植被的沉积滩,包括大陆架上的红树林。

◆珊瑚礁

河口 潮下河口:河口水域即河口永久性水域和三角洲河口系统。潮间河口:具有稀疏植物的潮间泥、沙或盐碱滩;潮间沼泽包括盐碱草甸、潮汐半盐水沼泽和淡水沼泽。

河流 永久性的河流:永久性的河流和溪流;内陆三角洲。暂时性的河流:季节性和间歇性流动河流和溪

◆河口

· 72 ·　　　　　　　　　　　　　　◦"科学就在你身边"系列◦

人类环保的足迹——环保纪事

流；河流洪泛平原，包括河滩和季节性泛洪草地。

湖泊 永久性的湖泊：永久性的淡水湖，包括遭季节性或间歇性淹没的湖滨；永久性的淡水池塘。季节性的湖泊：季节性淡水湖（8立方千米以上），包括洪泛平原湖。

◆湖泊

小博士

湿地生物

湿地最富有生物的多样性，仅中国有记载的湿地植物就有2760余种，其中湿地高等植物156科、437属、1380多种。湿地植物从生长环境看，可分为水生、沼生、湿生三类；从植物生活类型看，有挺水型、浮叶型、沉水型和飘浮型等。

科学调查——中国36处国际重要湿地名录

◆上海市崇明东滩湿地

1. 黑龙江扎龙自然保护区；2. 吉林向海自然保护区；3. 海南东寨港自然保护区；4. 青海鸟岛自然保护区；5. 鄱阳湖自然保护区；6. 湖南东洞庭湖自然保护区；7. 香港米埔和后海湾国际重要湿地；8. 黑龙江洪河自然保护区；9. 黑龙江兴凯湖国家级自然保护区；10. 黑龙江三江国家级自然保护区；11. 内蒙达赉湖

SHANDAI YU GONGCUN HEYI KENENG
善待与共存何以可能

自然保护区;12. 内蒙鄂尔多斯遗鸥自然保护区;13. 辽宁大连国家级斑海豹自然保护区;14. 江苏大丰麋鹿自然保护区;15. 江苏盐城自然保护区;16. 湖南汉寿西洞庭湖自然保护区;17. 湖南南洞庭湖湿地和水禽自然保护区;18. 上海市崇明东滩自然保护区;19. 广东惠东港口海龟国家级自然保护区;20. 广东湛江红树林国家级自然保护区;21. 广西山口国家级红树林自然保护区;22. 辽宁双台河口湿地;23. 云南大山包湿地;24. 云南碧塔海湿地;25. 云南纳帕海湿地;26. 云南拉什海湿地;27. 青海鄂凌湖湿地;28. 青海扎凌湖湿地;29. 西藏麦地卡湿地;30. 西藏玛旁雍错湿地;31. 上海长江口中华鲟湿地自然保护区;32. 广西北仑河口国家级自然保护区;33. 福建漳江口红树林国家级自然保护区;34. 湖北洪湖省级湿地自然保护区;35. 广东海丰公平大湖省级自然保护区;36. 四川若尔盖国家级自然保护区。

环保的过去、现在与未来

行动起来

——走进环保

"环保不分民族,生态没有国界,不要旁观,请加入行动者的行列,今天节约一滴水,留给后人一滴血。"这是一句环保行动宣传语,它很简单,但也很直接地告诉我们,该是我们行动的时候了,否则我们将付出血的代价。正是这样的舆论宣传而使全社会、全世界的人们重视和处理污染问题。于是,全世界各地都开始积极环保行动。

近几年来,"地球一小时"活动有越来越多全世界各地的人参与,乃至成为全世界公认的世界最大的环保行动之一。"地球一小时"是世界自然基金会应对全球气候变化所提出的一项倡议,希望个人、社区、企业和政府在每年3月最后一个星期六20:30—21:30熄灯一小时,来表明他们对应对气候变化行动的支持。过量二氧化碳排放导致的气候变化目前已经极大地威胁到地球上人类的生存。公众只有通过改变全球民众对于二氧化碳排放的态度,才能减轻这一威胁对世界造成的影响。继2009年之后,2010年3月27日,地球一小时活动再次在全球展开。

"地球一小时"活动首次于2007年3月31日晚间8:30在澳大利亚悉尼市展开,当晚,悉尼约有超过220万户的家庭和企业关闭灯源和电器一小时。事后统计,熄灯一小时节省下来的电足够20万台电视机用1小时,5万辆车跑1小时。更多参与的市民反映,当天晚上能看到的星星比平时多了几倍。

随后,"地球一小时"从这个规模有限的开端,以令人惊讶的速度很快席卷了全球。仅仅一年之后,"地球一小时"就已经被确认为全球最大的应对气候变化行动之一，成为一项全球性并持续发展的活动。2008年3月29日，有35个国家多达5000万民众参与其中，并证明了个人的行动凝聚在一起真的可以改变世界。

　　毫无疑问，熄灯秀的宣传效果远远大于实际的减排效果。在全球的"熄灯秀"接力下，更多人开始意识到节能减排的重要性，并且用自己的方式来参加这一活动。

行动起来——走进环保

HUANBAO DE GUOQU
XIANZAI YU WEILAI

是谁动了我们的环境
——环保的起因

如若从外太空鸟瞰地球，咱们的地球很美，虽不艳丽夺目，但十分养眼，圆润沉着，富有生命气息，甚至可以说是灵气氤氲，像悠游在太空中的一颗通灵宝玉！看着地球的芳容，大家会不会情不自禁地想：地球本身就是一个生命，或一个类似生命的活体？在地球科学上，英国大气化学家拉夫洛克在1965年首先提出来的，乃达尔文之后对地球和生命看法的新突破，它强调生命与环境的相互作用，而不只是生命对环境的适应。地球本身是一个生命，而不是一个由地火水风机械组成的物体，要不她怎么孵育生命呢？但不幸的是，咱们的地球现在已经谈不上漂亮，千疮百孔，高烧难退，气息奄奄！

◆地球孕育生命

环保的过去、现在与未来

环境简介

◆生态环境

环境是指周围所在的条件，对不同的对象和科学学科来说，环境的内容也不同。对生物学来说，环境是指生物生活周围的气候、生态系统、周围群体和其他种群。对文学、历史和社会科学来说，环境指具体的人生活周围的情况和条件。对建筑学来说，是指室内条件和建筑物周围的景观条件。对企业和管理

SHANDAI YU GONGCUN HEYI KENENG
善待与共存何以可能

◆自然环境

◆太空

◆长流水岩石层

学来说，环境指社会和心理的条件，如工作环境等。对化学或生物化学来说，是指发生化学反应的溶液。

人类生活的自然环境，主要包括：岩石圈、土圈（即：土壤圈）、水圈、大气圈、生物圈。

现在随着科技能力的发展，人类活动已经延伸到地球之外的外层空间，甚至私人都有能力发射火箭。造成目前有几千件垃圾废物在外层空间围绕地球的轨道上运转，大至火箭残骸，小至空间站宇航员的排泄物，严重影响对外空的观察和卫星的发射。人类的环境已经超出了地球的范围。

广角镜——环境意义

保护好环境与资源，对于我们民族和世界发展有以下重要的连锁关系：

没有污染，才有生理健康；有资源，才有生存和就业基础；

有就业，才有教育；有教育，才有社会的遵纪守法；

有守法，才有社会安全；有安全，才有人与人之间的友好互助；

有互助，才有社会友爱，老人和孤儿不孤独；

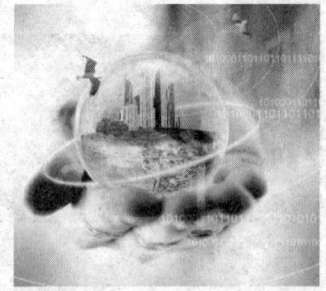

◆美好世界

环保的过去、现在与未来

行动起来——走进环保

有友爱，才有民族和睦。

破坏的过程

◆干涸的土地

◆耕地

土壤遭到破坏：据《参考消息》报道，110个国家（共10亿人）可耕地的肥沃程度在降低。在非洲、亚洲和拉丁美洲，由于森林植被的消失、耕地的过分开发和牧场的过度放牧，土壤剥蚀情况十分严重。裸露的土地变得脆弱了，无法长期抵御风雨的剥蚀。在有些地方，土壤的年流失量可达每平方公里10000吨。

气候变化、能源浪费和温室效应严重威胁着全人类：据2500名有代表性的专家预计，海平面将升高，许多人口稠密的地区（如孟加拉国、中国沿海地带以及太平洋和印度洋上的多数岛屿）都将被水淹没。

◆温室效应

◆森林减少

因此，西方和发展中国家之间应加强能源节约技术的转让进程。

环保的过去、现在与未来

SHANDAI YU GONGCUN
HEYI KENENG

善待与共存何以可能

◆一个小孩在喝水

生物的多样性减少：由于城市化、农业发展、森林减少和环境污染，自然区域变得越来越小了，这就导致了数以千计物种的灭绝。因为一些物种的绝迹会导致许多可被用于制造新药品的分子归于消失，还会导致许多能有助于农作物战胜恶劣气候的基因归于消失，甚至会引起瘟疫。

淡水资源受到威胁：据专家估计，从下个世纪初开始，世界上将有四分之一的地方长期缺水。请记住，我们不能造水，我们只能设法保护水。

环保的过去、现在与未来

历史典故——王羲之：中国最早污染水环境名人

◆王羲之

王羲之是我国晋代著名的书法家。然而，王羲之在成为一代书法大师的同时，他对环境所造成的污染在当时也是非常厉害的，《洗墨池》就是历史见证。相传王羲之七岁开始练习书法，并达到痴迷的程度，为练好字常常废寝忘食。当然，他所用笔砚也就十分可观，尤其是他经常去家后面的池塘清洗笔砚，常常引起邻居们的不满。一池清澈透明池水眼看一天天变黑，邻人渐渐不敢到池中清洗蔬菜和衣物，池塘的鱼虾也相继死去，水中散发出难闻的气味来。久而久之，这个池塘叫他洗笔涮砚弄成满池污水，成了毫无用处的一潭死水。王羲之用此污染为代价换来了自己在书法上的长足进展，却成为中国最早污染水环境的人。

行动起来——走进环保

HUANBAO DE GUOQU
XIANZAI YU WEILAI

化学污染：工业带来的数百万种化合物存在于空气、土壤、水、植物、动物和人体中。即使作为地球上最后的大型天然生态系统的冰盖也受到污染。那些有机化合物、重金属、有毒产品，都集中存在于整个食物链中，并最终将威胁到动植物的健康，引起癌症，导致土壤肥力减弱。

◆化学污染

混乱的城市化：到本世纪末，世界上的大城市将达21个，大城市里的生活条件将进一步恶化：拥挤、水被污染、卫生条件差、无安全感——这些大城市的无序扩大也损害到了自然区。因此，无限制的城市化应当被看作是文明的新弊端。

海洋污染：由于过度捕捞，海洋的渔业资源正在以令人可怕的速度减少。因此，许多靠摄取海产品蛋白质为生的穷人面临着饥饿的威胁。集中存在于鱼肉中的重金属和有机磷化合物等物质，有可能给食鱼者的健康带来严重的问题。沿海地区受到了巨大

◆拥挤的人群

◆被污染的海水

◆沙尘暴天气

环保的过去、现在与未来

"科学就在你身边"系列

· 81 ·

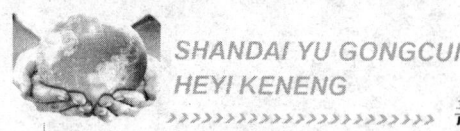

善待与共存何以可能

的人口压力。

空气污染：多数大城市里的空气含有许多取暖、运输和工厂生产带来的污染物。这些污染物威胁着数千万市民的健康，导致许多人失去了生命。有毒气体主要为一氧化碳、二氧化硫、二氧化氮和可吸入颗粒。

臭氧层空洞：尽管人们已签署了蒙特利尔协定书，但每年春天，在地球的两个极地的上空仍再次形成臭氧层空洞，北极的臭氧层损失达20%～30%，南极的臭氧层损失达50%以上。

 小贴士——疯牛病、SARS、禽流感

◆鸡

　　一直与人类相安无事的动物，为什么近年来身上携带的病毒频频入侵人类的生存领域？除了世界人口的极端增长外，是否还与人类无休止的占有欲望有关；对生物圈处于极度脆弱，对野生动物的特殊食用嗜好，使人类与动物处于零距离接触中；环境污染造成大量动物的病毒变种……国际著名数学家、理论物理学家斯蒂芬·霍金说：除非我们扩展到宇宙空间去，我并不认为人类可以生存到下一个一千年。有太多的意外事件会降临到我们这个孤立的有生命生存的行星上。甲型H1N1流感是否是意外事件之一？如果人类没有学会敬畏自然，那么，糟蹋一个地球，未必不会糟蹋另一个星球。

行动起来——走进环保

HUANBAO DE GUOQU
XIANZAI YU WEILAI

不可逾越的底线
——环保的相关法律文献

忒弥斯是希腊正义与法律女神，以头脑清晰见称。她用布蒙住双眼，代表对大家一视同仁；右手捧着天平，代表公平、公正；左手握着长剑，代表正义、权威。在香港，成为法官或律师之前，都要在忒弥斯女神下宣誓。

忒弥斯，按照《神统纪》，她是大神乌拉诺斯（天）和盖亚（地）的女儿，后来成为奥林匹斯主神宙斯的第二位妻子。她的名字的原意为"大地"，转义为"创造"、"稳定"、"坚定"，从而和法律产生了联系。

◆正义之神忒弥斯

国际环保公约

◆天空

《与保护臭氧层有关的国际环保公约》。臭氧层是地球和人类的保护伞，由于臭氧层遭到严重破坏，其结果是损害人类健康，危害农作物和生物资源，破坏生态系统，引起气候变化等。为了保护臭氧层，国际社会签订了一系列国际公约，规定发达国家于

环保的过去、现在与未来

善待与共存何以可能

◆居民乱扔垃圾

◆海洋生物

1996年、发展中国家于2010年逐步淘汰40多种受控物质（ODS），由于这些多为基本化工原料，涉及到的相关产品至少有数千种。

《控制危险废物越境转移及其处置巴塞尔公约》。随着工业的发展，危险废物的产生与日俱增，逐渐成为世界各国面临的主要公害。据统计，全世界每年产生的危险废物已从1947年的500万吨增加到目前的5亿多吨，其中发达国家占95%。

《濒危野生动植物物种国际贸易公约》。战后，世界范围内的野生动植物贸易不断发展，影响了生物多样性。1973年2月签订了《濒危野生动植物物种国际贸易公约》。

《联合国气候变化框架公约》及缔约方会议。大气中二氧化碳等温室气候的增加引起全球气候变暖，将对地球和人类产生严重的影响，《气候变化框架公约》本身并不直接限制贸易，但由于温室气候控制涉及社会和经济的方方面面，缔约方为履约采取的行动必然会对贸易有着显著的影响。

◆嬉戏的鸟

◆冰山草原风景

行动起来——走进环保

HUANBAO DE GUOQU
XIANZAI YU WEILAI

历史典故——我国历史上最早的环保立法

中国第一个朝代夏朝就已经有了保护自然资源的法规，叫"禹之禁"。"禹之禁，春三日山林不登斧斤，以成草木之长，入夏三日，川泽不施网罟，以成鱼鳖之长，不麛不卵，以成鸟兽之长。"这可能是我国最早的关于环保的法规了。早在殷商时期就有"刑弃灰于街营"的法律。古代还设立了一些环境管理的官员，如"林"、"虞"、"牧"等官，他们分别管理山林、川泽和畜牧。《韩非子》记载，商代已有不得随意倾倒垃圾的法律，"殷之法，弃灰于公道者断其手。"可见处罚之重。秦国商鞅变法，他制定的秦律中有"弃灰于道者被刑"的条文，这是商朝法律的延伸。

◆商鞅

我国环保立法

1979年我国通过了第一部环境保护法律——《中华人民共和国环境保护法（试行）》。改革开放以来，我国逐步形成了环境保护法律体系。1973年我国的第一个环境标准——《工业"三废"排放试行标准》诞生。截至1998年底，中国历年来共发布国家环境标准412项，现行的有361项，其中环境质量标准10项，污染物排放标准80项，环境监测方法标准230项，环境标准样品标准29项，环境基础标准12项，历年共发布国家环境保护总局标准（即环境

◆化工厂的污染

环保的过去、现在与未来

SHANDAI YU GONGCUN
HEYI KENENG

善待与共存何以可能

环保的过去、现在与未来

◆工业废渣

◆工业废水

行业标准)34项。与此同时到1998年,中国共颁布了环境保护法律6部、与环境相关的资源法律9部、环境保护行政法规34件、环境保护部门规章90多件、环境保护地方性法规和地方政府规章900余件、环境保护军事法规6件,缔结和参加了国际环境公约37项,初步形成了具有中国特色的环境保护法律体系,成为我国社会主义法律体系中的一个重要组成部分。尤其是,为适应经济发展和环境保护的客观需要,1995年和1996年,全国人民代表大会常务委员会分别通过了关于修订《大气污染防治法》和《水污染防治法》的决定。

历史典故——我国历史上较早的环保

儒家的"制天"与"可持续"思想。儒家认为"仁者以天地万物为一体",一荣俱荣,一损俱损。因此,尊重自然就是尊重人自己,爱惜其他事物的生命,也是爱惜人自身的生命。先秦时期管子、荀子、孟子的思想中,也闪耀着环境保护的光芒,如管仲认为,"为人君而不能谨守其山林菹泽草莱,不可以为天下王"。他提醒人们保护山湖草木,注意防火,按时封禁和开放,反对过度采伐。荀子根据生物资源消长规律,提出了一套保护生物资

◆孔夫子

• 86 • "科学就在你身边"系列

行动起来——走进环保

源的理论和措施。他说:"草木荣华滋硕之时,则斧斤不入山林,不夭其生,不绝其长也。"《论语·述而》记载孔子"钓而不纲,弋不射宿",孔子曾说:"伐一木,杀一兽,不以其时,非孝也。"(《孝经》)。从这些话语中我们不难看出,他们非常反对对山林的过度采伐和对鱼虾的滥捕滥杀,这体现了古人伟大而朴素的环保意识和"可持续"发展观,也反映了我国人民质朴的人与自然和谐相处的美好愿望。

◆论语

环保的过去、现在与未来

SHANDAI YU GONGCUN
HEYI KENENG
善待与共存何以可能

谁来保护我
——环保的相关机构

环境保护工作的好坏，直接与国家的安定有关，对保障社会劳动力再生产免遭破坏有着重要的意义。在"天人合一"思想的影响下，古代中国历朝都很重视环境保护问题。先秦时期就已经建立起叫做"虞"的环境保护机构，以后各朝进一步加以完善。中国古代的这些环保机构在内部分工明确的基础上，职权高度集中和统一，这对于环境保护起到了极其重要的作用。

◆秦始皇像

中国著名环保机构

◆中国环境保护产业协会标志

中国环境保护产业协会：成立于1993年，是由在中国境内登记注册的从事环境保护产业的科研、设计、生产、流通和服务单位以及中国境内从事环境保护产业的行业专家自愿组成的社会团体。

环保中国产业联盟：简称环保中国，是致力推进"防治环境污染、改善生态环境、保护自然资源"的非法人、活动性、学术性民间组织。联盟由相关政府部门、行业协会、主流媒体、领袖企业共同发起。

行动起来——走进环保

HUANBAO DE GUOQU
XIANZAI YU WEILAI

◆环保中国产业联盟标志

◆中国环境科学学会30周年庆祝海报

中国环境文化促进会：隶属于中华人民共和国环境保护部，是具有社团法人资格的跨地区、跨部门、非盈利性质的环境文化组织。

中国环境科学学会：于1978年5月批准成立，是中国国内成立最早、专门从事环境保护事业的非盈利全国性非政府科技社团组织，是中国科协所属的全国一级学会。

世界著名环保组织

绿色环保组世界自然保护联盟（IUCN）：成立于1948年，总部设在瑞士，是世界上成立最早、规模最大的世界性自然保护组织。其宗旨是：利用科学途径促进自然资源的利用和保护，以便为人类目前和未来的利益服务；保护潜在的再生自然资源，维护生态平衡；保护未被特殊保护的土地或管辖的海域，使其自然资源得以保护。

联合国环境规划署：成立于1973年，总部设在肯尼亚首都内罗毕，是全球仅有的两个将总部设在发展中国家的联合国机构之一。所有联合国成员国、专门机构成员和国际原子能机

◆绿色环保组世界自然保护联盟标志

环保的过去、现在与未来

善待与共存何以可能

环保的过去、现在与未来

◆联合国环境规划署 LOGO 标志

◆中华环保联合会会刊

◆世界环保组织将白鹭称为"空气和水质状况的监测鸟"

构成员均可加入环境署，到 2009 年，已有 100 多个国家参加其活动。

中华环保联合会：是经中华人民共和国国务院批准，民政部注册，国家环保总局主管，由热心环保事业的人士、企业、事业单位自愿结成的、非营利性的、全国性的社会组织。

世界环保组织：该组织历史悠久，1948 年即在瑞士格兰德成立，是政府及非政府机构都能参予合作的少数几个国际组织之一。由全球 81 个国家、120 位政府组织、超过 800 个非政府组织、10000 个专家及科学家组成，该组织共有 181 个成员国，实际工作人员已超过 8 500 名。

世界自然基金会：是在全球享有盛誉的、最大的独立性非政府环境保护机构之一，在全世界拥有将近 500 万支持者和一个在 90 多个国家活跃着的网络。世界自然基金会的使命是遏止地球自然环境的恶化，创造人类与自然和谐相处的美好未来，保

◆世界自然基金会标志

行动起来——走进环保

护世界生物多样性；确保可再生自然资源的可持续利用；推动降低污染和减少浪费性消费的行动。该组织的标志为大熊猫。

全球环境基金：是关于生物多样性、气候变化、持久性有机污染物和土地荒漠化的国际公约的资金机制。通过其业务规划，支持发展中国家和经济转型国家在生物多样性、气候变化、国家水域、臭氧层损耗、土地退化和持久性有机污染物的重点领域上开展活动，取得全球效益。

国际绿色和平组织：1971年，12名怀有共同梦想的人从加拿大温哥华启航，驶往安奇卡岛，去阻止美国在那里进行的核试验。他们在渔船上挂了一条横幅，上面写着"绿色和平"。尽管在中途遭到美国军方阻拦，他们的行动却触发了舆论和公众的声援。次年，美国放弃在安奇卡岛进行核试验。在此后的30多年里，绿色和平组织逐渐发展成为全球最有影响力的环保组织之一。该组织继承了创始人勇敢独立的精神，坚信以行动促成改变。

地球之友：在香港地区创立的地球之友是著名的环境非政府组织之一，还是全球化运动的一支重要力量。与其他环境组织一样，地球之友近年来也改变了就环境问题谈环境的做法，转而将环境问题与社会问题及发

◆国家发改委已与联合国开发计划署（UNDP）、全球环境基金（GEF）合作共同开展"中国逐步淘汰白炽灯、加快推广节能灯"项目

◆国际绿色和平组织的著名旗舰"彩虹勇士号"

SHANDAI YU GONGCUN
HEYI KENENG

善待与共存何以可能

◆地球之友的阻止二氧化碳排放公益活动

展问题联系起来，既扩大了活动领域，也扩大了影响。在香港的超级物质主义的大潮流下，"地球之友"仍然坚守使命，捍卫公众利益，维护环境公义，不屈不挠地推动环保，反对扩充发电厂、滥用杀虫剂、侵占郊野土地、关注过度消费、城市空气污染、水质污染、填海和环境管理失误等问题。

环保的过去、现在与未来

行动起来——走进环保

他救不如自救——环保行动

云阳发现迄今为止库区最早"环保碑"：新华网重庆频道2003年4月16日电重庆市云阳县今天在二期移民清库时，发现一块长1米、高1.2米的古代"环保碑"，碑文是清朝道光年间县衙门关于不得污染"关塘水"的告示。这是迄今为止三峡库区发现的保护长江水环境的最早记录。该碑发现于双江镇老街沿长江边的关塘口处，估计关塘口地名与碑刻有很大关系。现在该地属于二期移民清库区域，早已拆房迁人，留下的仅是废墟。

◆迄今为止库区最早"环保碑"

环保行为

节约用水：
1. 节水为荣——随时关上水龙头，别让水白流
2. 监护水源——保护水源就是保护生命
3. 一水多用——让水重复使用
4. 阻止滴漏——检查维修水龙头
5. 随手关灯——省一度电，少一份污染

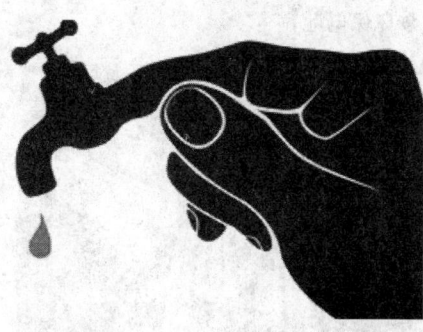
◆节约用水

环保的过去、现在与未来

SHANDAI YU GONGCUN
HEYI KENENG

善待与共存何以可能

6. 节用电器——为减缓地球温暖化出一把力

7. 减用空调——降低能源消耗

8. 支持绿色照明——人人都用节能灯

◆骑自行车

◆随手关灯

9. 利用可再生资源—别等到能源耗竭的那一天

10. 做"公交族"——以乘坐公共交通车为荣保护土地：

11. 当"自行车英雄"——保护大气，始于足下

12. 减少尾汽排放——开车人的责任

13. 控制噪声污染——让我们互相监督

14. 维护安宁环境——让我们从自己做起

◆环保电池

15. 买环保电池——防止汞镉污染

16. 选绿色包装——减少垃圾灾难

17. 认绿色食品标志——保障自身健康

18. 买无公害食品——维护生态环境领养树——做绿林卫士：

19. 少用一次性制品——节约地球资源

20. 自备购物袋——少用塑料袋

21. 自备餐盒——减少白色污染

22. 少用一次性筷子——别让森林变木屑

23. 回收废纸——再造林木资源

◆一次性筷子

环保的过去、现在与未来

行动起来——走进环保

24. 回收生物垃圾——再生绿色肥料

25. 回收各种废弃物——所有的垃圾都能变成资源

26. 推动垃圾分类回收——举手之劳战胜垃圾公害

◆垃圾回收

27. 拒食野生动物——改变不良的饮食习惯

28. 拒用野生动植物制品——别让濒危生命死在你手里

29. 不猎捕和饲养野生动物——保护脆弱的生物链

30. 制止偷猎和买卖野生动物的行为——行使你神圣的权利

◆禁止捕猎

31. 做动物的朋友——善待生命，与万物共存

32. 不买珍稀木材用具——别摧毁热带雨林

轶闻趣事——我国清代的水污染"限期整治"

江苏省苏州市著名的风景区虎丘山门，迄今保存着一块清代"永禁"虎丘染坊牌，是我国最早的水污染"限期治理"的铭证。明、清时期，由于江浙一代棉纺织业迅猛发展，大批整染作坊聚集建在通往苏州繁华市面的虎丘附近。染坊生产所产生的废液使虎丘一代的河流变得"满河青红黑紫"而污浊不堪，不仅严重影响了虎丘的景观，而且

◆虎丘风景

对当地居民的生活和农业生活灌溉都造成了危害。在百姓呼吁下，清乾隆二年

SHANDAI YU GONGCUN HEYI KENENG
善待与共存何以可能

(1737年),苏州官府颁发了布告,严禁在虎丘一代开设染坊,违者将严惩不贷。苏州官衙永禁虎丘染坊的行动,不仅是我国最早的水污染"限期整治",也是时间最早、规模最大的行业性"限期整治"。

各地环保活动

环保的过去、现在与未来

◆2009年12月12日,德国的环保人士在柏林举行活动,以此呼吁关注气候变化

◆台北101大楼

对气候变化行动的支持。

2009年12月哥本哈根会议纪实:

2009年12月19日闭幕的哥本哈根气候大会最终达成《哥本哈根协议》。该文件坚持了《联合国气候变化框架公约》及《京都议定书》的规定即发达国家和发展中国家根据"共同但有区别的责任"原则,表达了国际社会在应对气候变化问题上的共识。

"地球一小时"活动中的世界各地:

"地球一小时"是世界自然基金会应对全球气候变化所提出的一项倡议,希望个人、社区、企业和政府在特定的时间熄灯一小时,来表明他们对应

悲惨的世界
——环境问题

人们一直以为地球上的陆地、空气是无穷无尽的,所以从不担心把千万吨废气送到天空去,又把数以亿吨计的垃圾倒进江河湖海。大家都认为世界这么大,这一点废物算什么?我们错了,其实地球虽大(半径6300多公里),但生物只能在海拔8公里到海底11公里的范围内生活,而占了95%的生物都只能生存在中间约3公里的范围内,人竟肆意地从三方面来弄污这有限的生活环境。

海洋污染:主要是从油船与油井漏出来的原油,它们使得大部分的海洋湖泊都受到污染,结果不但海洋生物受害,就是人类也可能因这些生物而中毒。

陆地污染:垃圾的清理成了各大城市的重要问题。

空气污染:主要来自工厂、汽车、发电厂等等放出的一氧化碳和硫化氢等,每天都有人因接触了这些污浊空气而染上呼吸器官或视觉器官的疾病。

水污染:指水体因某种物质的介入,而导致其化学、物理、生物或者放射性污染等方面特性的改变。

大气污染:指空气中污染物的浓度达到有害程度,以致破坏生态系统和人类正常生存和发展的条件,对人和生物造成危害的现象。

噪声污染是指所产生的环境噪声超过国家规定的环境噪声排放标准,并干扰他人正常工作、学习、生活的现象。

放射性污染是指由于人类活动造成物料、人体、场所、环境介质表面或者内部出现超过国家标准的放射性物质或者射线。

由于人们对工业高度发达的负面影响预料不够，预防不利，导致了全球性的 三大危机：资源短缺、环境污染、生态破坏。

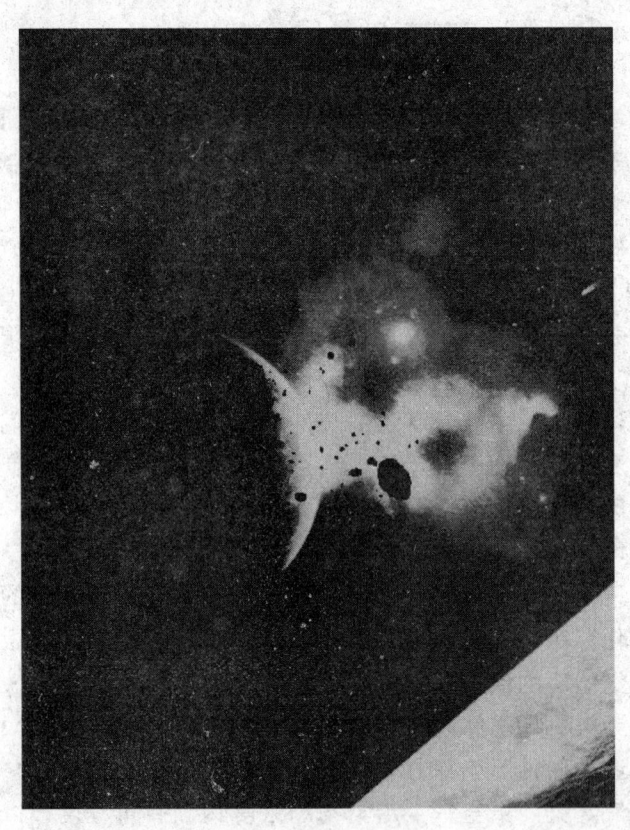

悲惨的世界——环境问题

上帝之子——厄尔尼诺

"厄尔尼诺"一词来源于西班牙语，原意为"圣婴"。19世纪初，在南美洲的厄瓜多尔、秘鲁等西班牙语系的国家，渔民们发现，每隔几年，从10月至第二年的3月便会出现一股沿海岸南移的暖流，使表层海水温度明显升高。南美洲的太平洋东岸本来盛行的是秘鲁寒流，随着寒流移动的鱼群使秘鲁渔场成为世界四大渔场

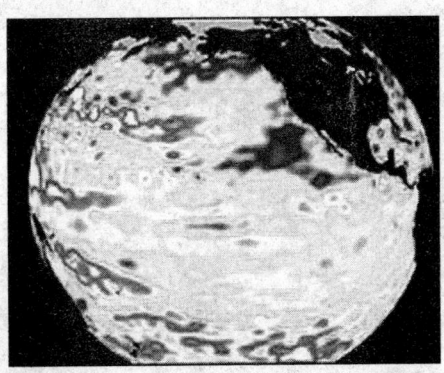

◆2002年"厄尔尼诺"的早期迹象

之一，但这股暖流一出现，性喜冷水的鱼类就会大量死亡，使渔民们遭受灭顶之灾。由于这种现象最严重时往往在圣诞节前后，于是遭受天灾而又无可奈何的渔民将其称为上帝之子——圣婴。

厄尔尼诺现象

厄尔尼诺现象又称厄尔尼诺海流，是太平洋赤道带大范围内海洋和大气相互作用后失去平衡而产生的一种气候现象，就是沃克环流圈东移造成的。

正常情况下，热带太平洋区域的季风洋流是从美洲走向亚洲，使太平洋表面保持温暖，给印尼周围带来热带降雨。但这种模式每2~7年被打

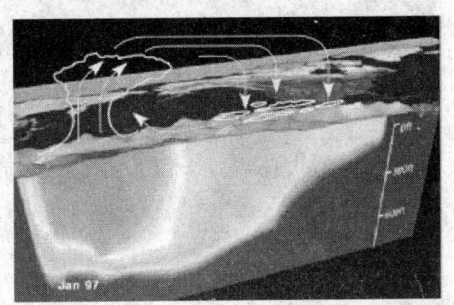

◆美国气象局1997年1月公布的"厄尔尼诺"现象海洋剖面图

 **SHANDAI YU GONGCUN HEYI KENENG**
善待与共存何以可能

乱一次，使风向和洋流发生逆转，太平洋表层的热流就转而向东走向美洲，随之便带走了热带降雨，出现所谓的"厄尔尼诺现象"。

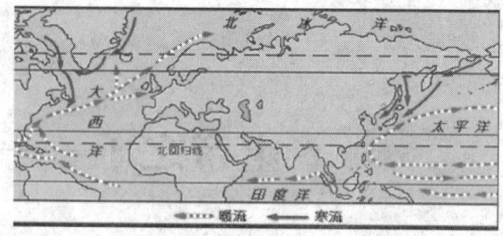
◆世界洋流分布图

 轶闻趣事——天然的巧合

环保的过去、现在与未来

◆美国奥古斯丁火山

在探索厄尔尼诺现象形成机理的过程中，科学家们发现了这样的巧合：20世纪20年代到50年代，是火山活动的低潮期，也是世界大洋厄尔尼诺现象次数较少、强度较弱的时期；50年代以后，世界各地的火山活动进入了活跃期，与此同时，大洋上厄尔尼诺现象次数也相应增多。根据近百年的资料统计，75%左右的厄尔尼诺现象是在强火山爆发后一年半到两年间发生的。这种现象引起了科学家的特别关注，有科学家就提出，是海底火山爆发造成了厄尔尼诺暖流。

厄尔尼诺特征

厄尔尼诺现象的基本特征是太平洋沿岸的海面水温异常升高，海水水位上涨，并形成一股暖流向南流动。它使原属冷水域的太平洋东部水域变成暖水域，结果引起海啸和暴风骤雨，造成一些地区干旱，另一些地区又降雨过多的异常气候现象。

20世纪60年代以后，随着观测

◆上涨的海水

悲惨的世界——环境问题

手段的进步和科学的发展，人们发现厄尔尼诺现象不仅出现在南美等国沿海，而且遍及东太平洋沿赤道两侧的全部海域以及环太平洋国家；有些年份，甚至印度洋沿岸也会受到厄尔尼诺带来的气候异常的影响，发生一系列自然灾害。总的来看，它使南半球气候更加干热，使北半球气候更加寒冷潮湿。科学家对厄尔尼诺现象又提出了一些新的解释，即厄尔尼诺可能与海底地震，海水含盐量的变化，以及大气环流变化等有关。厄尔尼诺现象是周期性出现的，大约每隔2～7年出现一次。进入20世纪90年代以后，随着全球变暖，厄尔尼诺现象出现得越来越频繁。

当上述厄尔尼诺现象发生时，遍及整个中、东以及太平洋海域，表面水温比平均温度高达3℃以上，海水温度的强烈上升造成水中浮游生物大量减少，秘鲁的渔业生产受到打击，同时造成厄瓜多尔等赤道太平洋地区发生洪涝或干旱灾害，这样的厄尔尼诺现象称为厄尔尼诺事件。

◆干热的南半球

◆秘鲁渔业

环保的过去、现在与未来

广角镜——厄尔尼诺也是一把双刃剑

从积极的一面来看，厄尔尼诺现象可以帮助抑制西北太平洋台风的活动。

SHANDAI YU GONGCUN HEYI KENENG
>>>>>>>>>>>>>>>>>>>>>>>> 善待与共存何以可能

◆秘鲁沿海渔业丰收

◆可可

在美国，厄尔尼诺现象可以为干旱的西南部地区带来有利的冬季降水，北部的冬季暴风雪将会减少，而佛罗里达州森林大火的风险也会降低。

每当厄尔尼诺出现时，秘鲁南部沿海的鱼类、扇贝、虾类的数量大幅度增加，渔民们网不虚发，收成比平时好得多；同时，厄尔尼诺给厄瓜多尔和秘鲁北部的沙漠地区带来的大量降雨，也使这块寸草不生的沙漠变成湖泊密布的草原。还有厄尔尼诺造成的大豆、可可、咖啡、橄榄等一些经济作物的大量减产，对于过热的国际市场来说并非坏事。

厄尔尼诺的起因

◆"赤道暖池"

太平洋的中央部分是北半球夏季气候变化的主要动力源。太平洋沿南美大陆西侧有一股北上的秘鲁寒流，其中一部分变成赤道海流向西移动，此时，沿赤道附近海域向西吹的季风使暖流向太平洋西侧积聚，而下层冷海水则在东侧涌升，使得太平洋西段菲律宾以南、新几内亚以北的海水温度升高，这一段海域被称为"赤道暖池"，同纬度东段海温则相对较低。对应这两个海域上空的大气也存在温差，东边的温度低、气压高，冷

悲惨的世界——环境问题

HUANBAO DE GUOQU
XIANZAI YU WEILAI

空气下沉后向西流动;西边的温度高、气压低,热空气上升后转向东流,这样,在太平洋中部就形成了一个海平面冷空气向西流,高空热空气向东流的大气环流(沃克环流),这个环流在海平面附近就形成了东南信风。但有些时候,这个气压差会低于多年平均值,有时又会增大,这种大气变动现象被称为"南方涛动"。

◆信风吹过的蒲公英

 **小贴士——公认的"年际气候异常信号"**

◆澳大利亚

◆特大暴雨

在气候预测领域,厄尔尼诺是迄今为止公认的最强的年际气候异常信号之一。它常常会使北美地区当年出现暖冬,南美沿海持续多雨,还可能使得澳大利亚等热带地区出现旱情。

厄尔尼诺现象是海洋和大气相互作用不稳定状态下的结果。据统计,每次较强的厄尔尼诺现象都会导致全球性的气候异常,由此带来巨大的经济损失。我国1998年夏季长江流域的特大暴雨洪涝就与1997~1998年厄尔尼诺现象密切相关,气象部门正是主要依据这一因子很好地提供了预测服务。

善待与共存何以可能

小女孩——拉尼娜现象

◆迟迟不去的冬天

拉尼娜是西班牙语"La Niña"——"小女孩,圣女"的意思,是厄尔尼诺现象的反相,指赤道附近东太平洋水温反常下降的一种现象,表现为东太平洋明显变冷,同时也伴随着全球性气候混乱,总是出现在厄尔尼诺现象之后。气象和海洋学家用来专门指发生在赤道太平洋东部和中部海水大范围持续异常变冷的现象(海水表层温度低出气候平均值0.5℃以上,且持续时间超过6个月以上)。拉尼娜也称反厄尔尼诺现象。

拉尼娜现象

◆异常天气全球频发的"幕后黑手"是拉尼娜现象

拉尼娜现象就是太平洋中东部海水异常变冷的情况。东信风将表面被太阳晒热的海水吹向太平洋西部,致使西部比东部海平面增高将近60厘米,西部海水温度增高,气压下降,潮湿空气积累形成台风和热带风暴,东部底层海水上翻,致使东太平洋海水变冷。

太平洋上空的大气环流叫做沃尔克环流,当沃尔克环流变弱时,海水吹不到西部,太平洋东部海水变暖,就是厄尔尼诺现象;但当沃尔克环流变得异常强烈，就产生拉尼娜现象。

轶闻趣事——"小女孩"老了

法美两国"海神"卫星发回的最新海洋观测数据表明，过去两年里影响太平洋的"拉尼娜"现象已经明显减弱，世界第一大洋将恢复往日的"宁静"。据法国专家介绍，"拉尼娜"一般出现在"厄尔尼诺"之后，通常情况下，两种现象各持续一年左右。然而1998年开始出现的"拉尼娜"现象却持续了两年，直到2000年6月才开始逐渐减弱。研究人员曾于1999年1月和6月两次观测到"拉尼娜"现象出现减弱征兆。法国专家强调说，此次卫星发回的最新数据显示，"拉尼娜"现象确实已明显减弱，"女孩"这回是真的老了。

◆老人画像

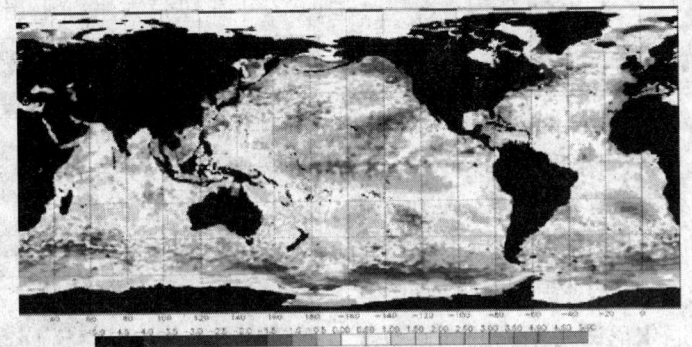
◆2009年2月2日海温异常比较（白色为海冰）

善待与共存何以可能

拉尼娜现象特征

◆海洋表层运动剧烈

◆深圳气象塔

最近一次拉尼娜现象出现在1998年,持续到2000年春季趋于结束。厄尔尼诺与拉尼娜现象通常交替出现,对气候的影响大致相反,通过海洋与大气之间的能量交换,改变大气环流而影响气候的变化。从近50年的监测资料看,厄尔尼诺出现频率多于拉尼娜,强度也大于拉尼娜。

拉尼娜现象通常发生于厄尔尼诺之后,但也不是每次都这样。厄尔尼诺与拉尼娜相互转变有时甚至需要大约四年的时间。中国海洋学家认为,中国在1998年遭受的特大洪涝灾害,是由"厄尔尼诺——拉尼娜现象"和长江流域生态恶化两大成因共同引起的。

中国海洋学家和气象学家注意到,去年在热带太平洋上出现的厄尔尼诺现象(我国附近海洋变冷)已在一个月内转变为一次拉尼娜现象(我国附近海水变暖)。这种从未有过的情况是长江流域降雨暴增的原因之一。这次厄尔尼诺使中国的气候也十分异常,1998年6月至7月,江南华南降雨频繁,长江流域、两湖盆地

◆沃尔瓦环流造成拉尼娜

悲惨的世界——环境问题

均出现严重洪涝,一些江河的水位长时间超过警戒水位,两广及云南部分地区雨量也偏多五成以上,华北和东北局部地区也出现涝情。拉尼娜也会造成气候异常。

"拉尼娜"的形成原因

拉尼娜究竟是怎样形成的?厄尔尼诺与赤道中、东太平洋海温的增暖、信风减弱相联系,而拉尼娜却与赤道中、东太平洋海温变冷、信风的增强相关联。因此,实际上拉尼娜是热带海洋和大气共同作用的产物。海洋表层的运动主要受海表面风的牵制。当信风加强时,赤道东太平洋深层海水上翻现象更加

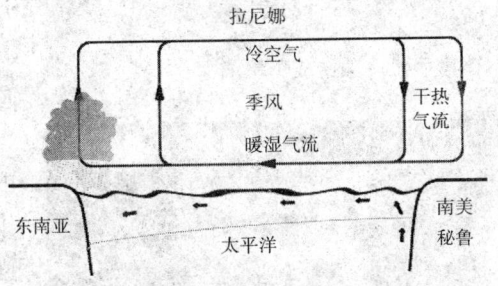

◆沃尔克环流造成拉尼娜现象示意图

剧烈,导致海表温度异常偏低,使得气流在赤道太平洋东部下沉,而气流在西部的上升运动更为加剧,有利于信风加强,这进一步加剧赤道东太平洋冷水发展,引发所谓的拉尼娜现象。

拉尼娜对我国的影响

2007年上半年我国气候呈现出多样化趋势,气候专家经过研究分析,初步认为拉尼娜现象是影响我国上半年气候的主要原因。

国家气候中心研究员认为,2007年,在拉尼娜现象影响下,赤道东太平洋水温偏低,东亚经向环流异常,造成入春以来我国北方地区偏北气流盛行,而东南

◆受拉尼娜现象影响进入灾难状态

SHANDAI YU GONGCUN
HEYI KENENG

善待与共存何以可能

◆拉尼娜现象造成干旱

◆全球变暖的大趋势

暖湿气流相对较弱。于是，北方强寒潮大风频繁出现，而降雨量却持续偏少，气温也居高不下。

国家气候中心高级工程师说，从公元 300 年以来，我国一共出现过 5 个沙尘事件频发期，每个周期持续 90 年左右，近 10 年来沙尘事件又呈现出明显增加的趋势。

在北方抗旱的时候，长江以南局部地区却是暴雨频繁。对此，国家气候中心高级工程师指出，南方的暴雨天气是局部强对流天气的结果，从大范围流域性来讲，降水量尚属正常。

悲惨的世界——环境问题

冒烟的马蹄
——美国多诺拉烟雾事件

宾夕法尼亚州是中大西洋5州中唯一不滨海的州。但从大西洋开来的船只可沿特拉华河上溯到费城。围绕费城发展起来的宾夕法尼亚—新泽西—特拉华综合港区，别称为亚美利港，是世界第三繁忙航运中心。1681年英王查理二世签署特许状，把这块地方送给舰队总司令小威廉·佩恩（William Penn），并指定以"宾"的名字命名这一地区，同时应小威廉·佩恩的请求，加上"夕法尼亚"（林地）一词，形成现在的州名，州名的含义即"宾（佩恩）的林地"。

◆宾夕法尼亚州风景

事件的始末

多诺拉是美国宾夕法尼亚州的一个小镇，位于匹兹堡市南边30公里处，有居民1.4万多人。多诺拉镇坐落在一个马蹄形河湾内侧，两边高约120米的山丘把小镇夹在山谷中。多诺拉镇是

◆多诺拉烟雾事件

SHANDAI YU GONGCUN
HEYI KENENG

善待与共存何以可能

◆硫酸工厂的烟囱

◆大气污染严重

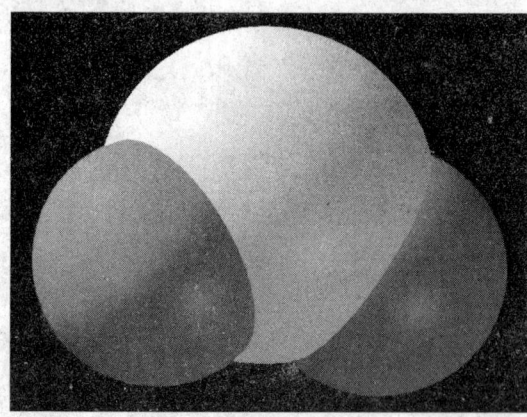

◆二氧化硫比例模型

硫酸厂、钢铁厂、炼锌厂的集中地,多年来,这些工厂的烟囱不断地向空中喷烟吐雾,以致多诺拉镇的居民们对空气中的怪味都习以为常了。

1948年10月26日~31日,持续的雾天使多诺拉镇看上去格外昏暗。气候潮湿寒冷,天空阴云密布,一丝风都没有,空气失去了上下的垂直移动,出现逆温现象。在这种死风状态下,工厂的烟囱却没有停止排放,就像要冲破凝住了的大气层一样,不停地喷吐着烟雾。

两天过去了,天气没有变化,空气中散发着刺鼻的二氧化硫气味,令人作呕。空气能见度极低,除了烟囱之外,工厂都消失在烟雾中。

随之而来的是小镇中6000人突然发病,症状为眼病、咽喉痛、流鼻涕、咳嗽、头痛、四肢乏倦、胸闷、呕吐、腹泻等,其中有20人很快死亡。死者年龄多在65岁以上,大多原来就患有心脏病或呼吸系统疾病。

悲惨的世界——环境问题

科学探究——二氧化硫的危害

二氧化硫（化学式：SO_2）是最常见的硫氧化物。无色气体，有强烈刺激性气味。大气主要污染物之一。二氧化硫易被湿润的粘膜表面吸收生成亚硫酸、硫酸。对眼及呼吸道粘膜有强烈的刺激作用。大量吸入可引起肺水肿、喉水肿、声带痉挛而致窒息。急性中毒：轻度中毒时，发生流泪、畏光、咳嗽、咽、喉灼痛等；严重中毒可在数小时内发生肺水肿；极高浓度吸入可引起反射性声门痉挛而致窒息。

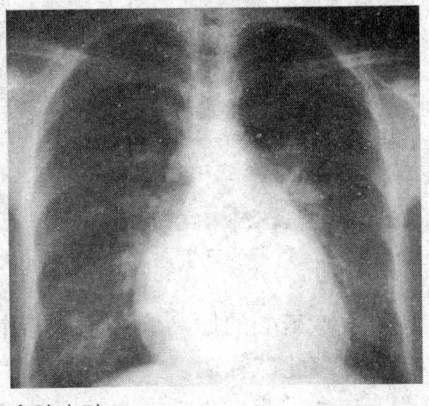

◆肺水肿

硫酸工业

◆工业废气排放

基本无机化工之一。主要产品有浓硫酸、稀硫酸、发烟硫酸、液体三氧化硫、蓄电池硫酸等，也生产高浓度发烟硫酸、液体二氧化硫、亚硫酸铵等产品。硫酸广泛用于各个工业部门，主要有化肥工业、冶金工业、石油工业、机械工业、医药工业、洗涤剂的生产、军事工业、原子能工业和航天工业等。还用于生产染料、农药、化学纤维、塑料、涂料，以及各种基本有机和无机化工产品。早期的硫酸工业都采用硝化法，设备生产强度低，产品浓度只有60%～76%。20世纪以来，硝化法逐渐被接触法所取代。

**SHANDAI YU GONGCUN
HEYI KENENG**

>>>>>>>>>>>>>>>>>> 善待与共存何以可能

◆硫酸工厂附近的环境

◆硫酸运输车

　　生产硫酸的原料有硫黄、硫铁矿、有色金属冶炼烟气、石膏、硫化氢、二氧化硫和废硫酸等。硫黄、硫铁矿和冶炼烟气是三种主要原料。

　　硫酸工业是化学工业中历史悠久的工业部门，近年来，世界硫酸产量仍在逐年增长。1970年世界硫酸产量91152千吨，1980年143010千吨，1984年147557千吨。美国硫酸产量居世界第一位，1984年生产硫酸35863千吨，占世界总产量的24％。其次是前苏联，1984年生产硫酸25300千吨。

 **广角镜——历史上另外两次著名烟雾事件**

◆光化学烟雾

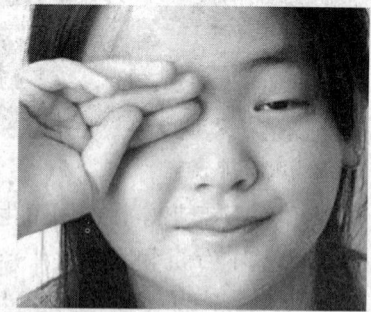

◆红眼病

环保的过去、现在与未来

· 112 ·　　　　　　　　　　　　　　　"科学就在你身边"系列

HUANBAO DE GUOQU
XIANZAI YU WEILAI

悲惨的世界——环境问题

20世纪40年代美国洛杉矶光化学烟雾事件:从20世纪40年代初开始,每年从夏季至早秋,只要是晴朗的日子,城市上空就会出现一种弥漫天空的浅蓝色烟雾,使整座城市上空变得浑浊不清。这种烟雾使人眼睛发红,咽喉疼痛、呼吸憋闷、头昏、头痛。1943年以后,烟雾更加肆虐,以致远离城市100公里以外的海拔2000米高山上的大片松林也因此枯死,柑橘减产。仅1950~1951年,美国因大气污染造成的损失就达15亿美元。1970年,约有75%以上的市民患上了红眼病。这就是最早出现的新型大气污染事件——光化学烟雾污染事件。

英国伦敦烟雾事件:1952年12月5日~8日,一场灾难降临了英国伦敦。地处泰晤士河河谷地带的伦敦城市上空处于高压中心,一连几日无风,风速表读数为零。大雾笼罩着伦敦城,又值城市冬季大量燃煤,排放的煤烟粉尘在无风状态下蓄积未散,烟和湿气积聚在大气层中,致使城市上空连续四五天烟雾弥漫,能见度极低。在这种气候条件下,飞机被迫取消航班,汽车即便白

◆英国伦敦烟雾事件

◆牛

天行驶也须打开车灯,行人走路都极为困难,只能沿着人行道摸索前行。伦敦医院由于呼吸道疾病患者剧增而一时爆满,伦敦城内到处都可以听到咳嗽声。仅仅4天时间,死亡人数达4000多人。就连当时举办的一场盛大的得奖牛展览中的350头牛也惨遭劫难。这就是骇人听闻的"伦敦烟雾事件"。

环保的过去、现在与未来

二氧化硫中毒急救措施

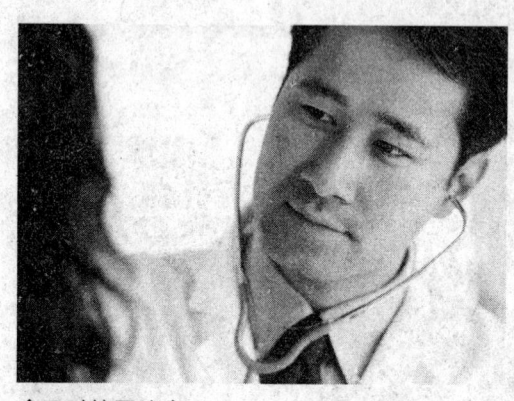

◆及时就医治疗

皮肤接触：立即脱去污染的衣着，用大量流动清水冲洗。及时就医。

眼睛接触：提起眼睑，用流动清水或生理盐水冲洗。及时就医。

吸入：迅速脱离现场至空气新鲜处。保持呼吸道通畅。如呼吸困难，给输氧。如呼吸停止，立即进行人工呼吸。及时就医。

食入：用水漱口，给饮牛奶或蛋清。及时就医。

悲惨的世界——环境问题

怪病
——日本富山县痛痛病事件

◆日本富山五个山风景

富山县位于日本海南侧，东接新泻县、长野县；西临石川县。东部连着飞驒山脉与立山山脉，从山顶流下来的黑部川和神通川汹涌奔流，注入富山湾海口。富山县利用丰富的水力资源，开发电力，现在富山县内已有100多个水力发电所。富山县还利用复杂的海底地形开发沿岸地区的渔业，近年来还开发了许多人工养渔业。现在富山仍然在以富山市为中心发展制造药业，家庭常备药的产量占全日本总产量的一半。

事件简介

◆湿法炼锌厂

痛痛病是首先发生在日本富山县神通川流域的一种奇病，因为病人患病后全身非常疼痛，终日喊痛不止，因而取名"痛痛病"（亦称骨痛病）。在日本富山县，当地居民同饮一条叫作神通川河的水，并用河水灌溉两岸的庄稼。后来日本三井金属矿业公司在该河上游修建了一座炼锌厂。炼锌厂排放的废水中含

SHANDAI YU GONGCUN
HEYI KENENG

善待与共存何以可能

有大量的镉，整条河都被炼锌厂的含镉污水污染了，河水、稻米、鱼虾中富集大量的镉，然后又通过食物链，使这些镉进入人体日积月累，使当地的人们得了一种奇怪的骨痛病（又称痛痛病）。镉进入人体，使人体骨胳中的钙大量流失，病人骨质疏松、骨骼萎缩、关节疼痛。曾有一个患者，打了一个喷嚏，竟使全身多处发生骨折。痛痛病在当地流行20多年，造成200多人死亡。

◆骨质疏松症状漫画

科学探秘——金属镉的性质及其污染

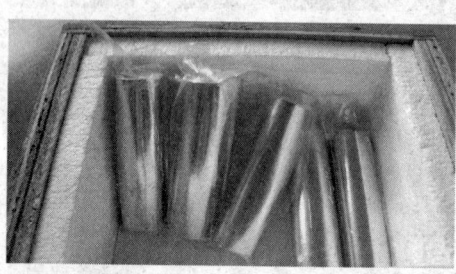

◆金属镉

◆污水排放

镉是银白色有光泽的金属，熔点320.9℃，沸点765℃，相对密度8.642。有韧性和延展性。镉在潮湿空气中缓慢氧化并失去金属光泽，加热时表面形成棕色的氧化物层。高温下镉与卤素反应激烈，形成卤化镉。也可与硫直接化合，生成硫化镉。镉可溶于酸，但不溶于碱。镉的氧化态为+1、+2。氧化镉和氢氧化镉的溶解度都很小，它们溶于酸，但不溶于碱。镉的毒性较大，被镉污染的空气和食物对人体危害严重。20世纪初发现镉以来，镉的产量逐年增加。污染源主要是铅锌矿，以及有色金属冶炼、电镀和用镉化合物作原料或触媒的工厂。

悲惨的世界——环境问题

事件源由

根据流行病学资料，痛痛病在日本大正年代即已开始出现，长期被认为是原因不明的特殊的地方病。直到第二次世界大战后，发病人数增加，1946年8月，长泽才正式报导了病例。1955年，河野、荻野在报告中称之为痛痛病，以后又以"妇中町熊野地区的奇病——痛痛病"为题公开发表于1955年8月4日的"富山日报"。1957年荻野等人提出矿毒学说，认为可能与其上游的矿山废水中含铅、锌、镉有关。1960年证实病因是镉中毒。

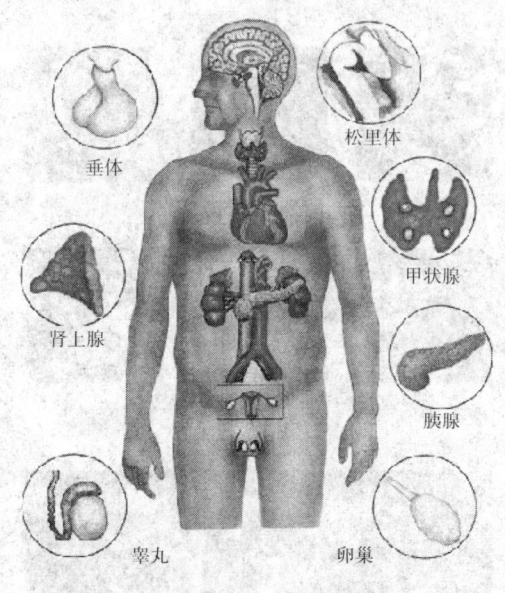

◆人体主要内分泌图

1968年证实并指出"痛痛病"是由镉引起的慢性中毒。它的化学性质使它取代钙离子与体内的负离子结合，导致骨骼中因镉的含量增加而脱钙，造成严重的骨骼疏松。它首先使肾脏受损，继而引起骨软化症，是在妊娠授乳、内分泌失调、老年化和钙不足等诱因作用下形成的疾病。

◆大米

发病是由于神通川上游某铅锌矿的含镉选矿废水和尾矿渣污染了河水，使其下游用河水灌溉的稻田土壤受到污染，产生了"镉米"，人们长期食用"镉米"和饮用含镉的水而得病。从而"痛痛病"被定为日本第一号公害病。

环保的过去、现在与未来

SHANDAI YU GONGCUN
HEYI KENENG

善待与共存何以可能

社会观察——大米含镉，但不会中毒

环保的过去、现在与未来

◆杂粮

◆牛奶含丰富的钙

大米是南方人的主食，大米中的金属含量会直接影响人的体质和健康状况。2006年，南京农业大学农业资源与生态环境研究所所长潘根兴，就带队对南京部分市售稻谷和杂粮进行了"镉锌硒含量调查"，结果是南京市场上销售的稻米镉含量偏高，但不会引起"镉中毒"。

尽管大米中的镉含量偏高，但潘根兴认为南京人不会有镉中毒危险。"现代都市人食物摄入很广，而且米饭的食用量在下降，镉中毒是一个长期的积累过程，都市人目前大米的食用已经达不到这个量了。"潘根兴说，镉和锌、硒是互相制约的，锌、硒摄入多可以对体内的镉起到抑制作用。杂粮、牛奶、酸奶、海带、海产品、水产品中，锌、硒的含量很高，市民可多食用，而不必再食用专门补锌、硒的营养品。

镉中毒急救

为了治疗因镉引起的骨痛病，除用络合剂疗法即化学促排外，主要是脱离镉接触和增加营养。一般是服用大量钙剂、维生素D和维生素C（还原作用，促进氨基酸上醛基的羟基化以有利于胶原蛋白的生成）。晒太阳和用石英灯照射效果亦佳。

悲惨的世界——环境问题

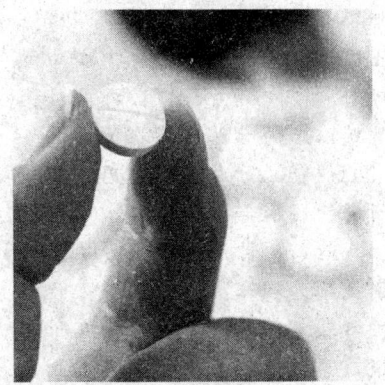
◆维生素C药片

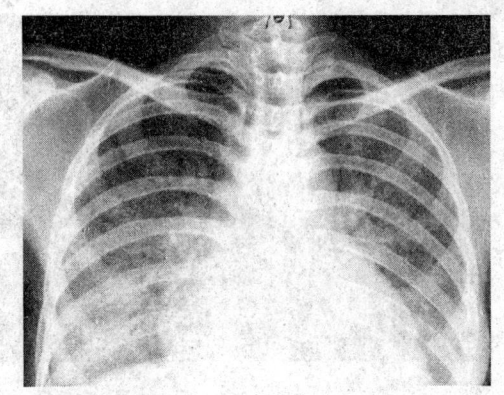
◆肺水肿

吸入大量氧化镉烟雾所致的急性中毒，其治疗与一般刺激性气体中毒的处理相同。关键在于防止肺水肿。可用10％硅酮雾化吸入，以消除泡沫，肾上腺皮质激素能降低毛细血管通透性，宜早期定量使用。慢性镉中毒引起肾脏损害者，膳食中应增加钙和磷酸盐的摄入，供给充足的锌和蛋白质，金属络合剂依地酸二钠钙可增加镉的排出，有报导口服氮川三乙酸能促使镉排出（主要经由粪便），从而降低在体内的蓄积，而不损害肾脏功能。

大千世界——奇特植物净化土壤镉污染

日本农村工学研究所的研究小组称，在受到重金属镉污染的土壤中栽种科植物叶芽南芥，能够减少土壤中镉的含量。利用这种方法可以使大范围受到镉的轻度污染的土壤得到净化。

叶芽南芥又称蔓田芥，属十字花科多年生草本植物。这种植物在日本分布很广，原产于我国吉林省长白山地区。研究小组在室外利用厚度为15厘米、每公斤含镉47毫克的土壤来栽种这种植物。一年后，土壤里的

◆拟南芥

环保的过去、现在与未来

SHANDAI YU GONGCUN
HEYI KENENG

善待与共存何以可能

◆ "客土"

含镉量减少到每千克2.6毫克。土壤被利用5次以后，土壤中的镉含量只有原来的1/5。而且，收获以后的叶芽南芥在干燥并经400℃~500℃高温燃烧后，其中所含的镉不会挥发。

此前，常用的净化方法是利用被称为"客土"的土壤来代替被污染的土壤。研究小组介绍说，净化被镉污染的土壤常用方法是用其他地方的净土改善污染区的土质，这一方法有很大局限性，难以大范围推广。而利用叶芽南芥对受到轻度污染的农田和水池等进行净化，所需成本是上述办法的一半。

悲惨的世界——环境问题

"猫舞蹈症"
——日本水俣病事件

水俣市位于日本熊本县一侧,熊本县位于九州中部,其土地面积约为7402平方公里(另一说法为7407平方公里),居日本全国第15位。县的北部是平缓的山地,东部至南部由海拔1000米之高的群山环绕,山涧溪谷随处可见,风景十分秀丽。西部面向有明海与八代海,其外海与东海相连。水俣镇是水俣湾东部的一个小镇,有4万多人居住,周围的村庄还居住着1万多农民和渔民。"不知火海"丰富的渔产使小镇格外兴旺。

◆日本熊本县的位置

事件简介

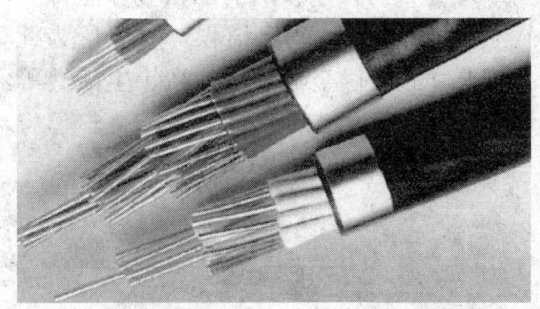
◆氯乙烯绝缘电缆

1925年,日本氮肥公司在这里建厂,后又开设了合成醋酸厂。1949年后,这个公司开始生产氯乙烯,年产量不断提高,1956年超过6000吨。与此同时,工厂把没有经过任何处理的废水排放到水俣湾中。由于该工厂任意排放废水,这

善待与共存何以可能

◆水俣市水俣病资料馆内的氮肥厂的照片

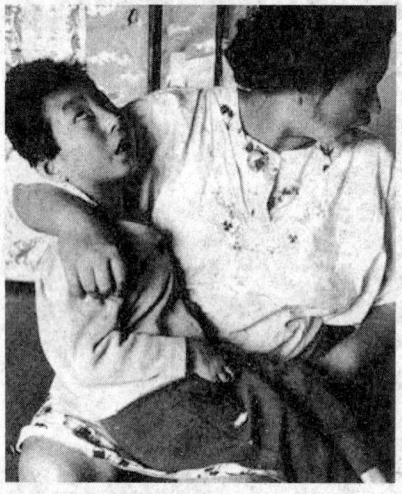
◆水俣病历史照片

◆水俣病纪念碑

些含汞的剧毒流入河流,并进入食用水塘,转成甲基汞氯(化学式 CH_3HgCl)等有机汞化合物。

1950年,在日本九州岛南部熊本县的水俣湾的小渔村中,发现一些猫步态不稳,抽筋麻痹,最后跳入水中淹死,当地人称之为"自杀猫"。1953年,在水俣镇发生了一些生怪病的人,开始时口齿不清,走路不稳,面部痴呆,进而眼瞎耳聋,全身麻痹,最后精神失常,一会儿甜睡,一会儿兴奋异常,身体弯弓高喊而死。1954年4月,一名6岁女孩因同样症状入院,但仍未引起重视。1959年2月,日本食物中毒委员会经过研究认为,水俣病与重金属中毒有关,尤其是汞的可能性最大。事实上,日本氮肥厂医院用猫进行的实验也已经完全证明水俣病与氮肥厂排出的废水有关。

2008年已知水俣镇的受害者人数多达1万人,死亡人数超过1000人。到1997年5月,水俣病的赔偿金才全部到位。共10355人得到赔偿,氮肥厂为此而支付的赔偿金额和医疗费、生活费等费用累计超过300亿日元。

悲惨的世界——环境问题

HUANBAO DE GUOQU
XIANZAI YU WEILAI

科学探秘——金属汞及其危害

汞又称水银，在各种金属中，汞的熔点是最低的，只有 $-38.87℃$，也是唯一在常温下呈液态并易流动的金属。比重 13.595，蒸气比重 6.9。它的化学符号来源于拉丁文，原意是"液态银"。有关金属汞的生产很多，例如汞矿的开采与汞的冶炼，尤其是土法火式炼汞，对空气、土壤、水质都有污染。

汞为银白色的液态金属，常温中即有蒸发。汞中毒以慢性为多见，主要发生在生产活动中，长期吸入汞蒸气和汞化合物粉尘所致。以神经异常、齿龈炎、震颤为主要症状。大剂量汞蒸气吸入或汞化合物摄入即发生急性汞中毒。接触汞机会较多的有汞矿开采、汞合金冶炼，金和银提取，汞整流器，以及真空泵、照明灯、仪表、温度计、补牙汞合金、雷汞、颜料、制药、核反应堆冷却剂和防原子辐射材料等的生产工人。有机汞化合物以往主要用作农业杀菌剂，但毒性大，我国已不再生产和使用。

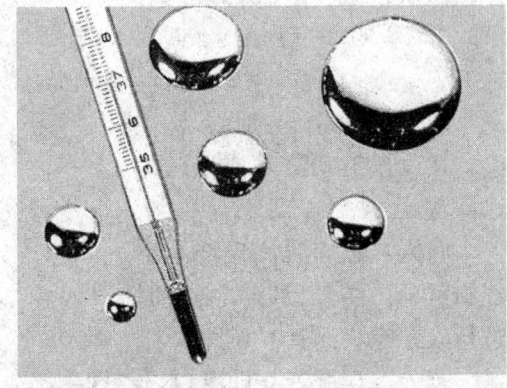
◆汞温度计

◆荧光高压汞灯

环保的过去、现在与未来

"科学就在你身边"系列 · 123 ·

善待与共存何以可能

汞中毒急救措施

皮肤接触：脱去污染的衣着，立即用流动清水彻底冲洗。

眼睛接触：立即提起眼睑，用大量流动清水或生理盐水冲洗。

吸入：迅速脱离现场至空气新鲜处。注意保暖，必要时进行人工呼吸。及时就医。

食入：误服者立即漱口，给饮牛奶或蛋青。就医。

◆鸡蛋

社会观察——水俣市现状

◆水俣火车站

2008年7月，日本政府选定了6个地方城市作为"环境模范城市"。被选中的城市有人口超过70万的"大城市"横滨、九州，人口在10万人的"地方中心城市"带广市、富山市，以及人口不到10万的"小规模市县村"熊本县水俣、北海道下川町等。这些城市如水俣、横滨等普遍存在严重的环境问题，亟须治理。水俣市的环保行动就从垃圾的彻底分类和削减开始。传统的家庭垃圾分类中，是按可燃垃圾和不可燃垃圾来区别的。1993年，为了实现垃圾的资源化，水俣市以市民为主体，一举制定了20种分类规定。这在当时的日本尚无先例。在市区，每50～100家住户设立一个资源垃圾站，共建成了300

悲惨的世界——环境问题

HUANBAO DE GUOQU
XIANZAI YU WEILAI

个垃圾站。除了垃圾分类之外，水俣市还以各社区的再利用推进委员会为中心，开展了一系列活动，如将垃圾带回家的活动，循环再利用活动，开办跳蚤市场，对不需要的物品进行再利用等。此外，水俣市还积极举办环境方面的国际协作活动，如接纳海外的视察进修、在亚洲各国召开环境研讨会及演讲会等。

◆水俣中心以北的汤之儿西班牙村

环保的过去、现在与未来

善待与共存何以可能

环保的过去、现在与未来

"黑油"——日本米糠油事件

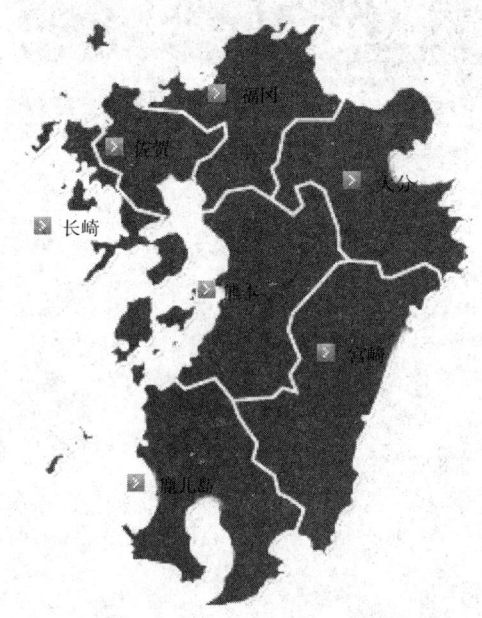

◆日本九州

◆饲料养鸡

九州位于日本的西南,有七个县:福冈、佐贺、长崎、熊本、大分、宫崎、鹿儿岛。九州在日本的最南边,气候非常温暖,所以也是最早盛开樱花的地方,然后再是本州和北海道,北海道相对来说是最晚开的。所以大家想看最初盛开的樱花,就一定要去九州。九州特别适合放松和休闲。在东京大阪这些地方人比较多,自然环境也不算特别好,在九州你可以先吃点儿好吃的,然后泡个温泉,身心都得到放松,不像在大都市那么嘈杂。

事件简介

1968年3月,日本的九州、四国等地区的几十万只鸡突然死亡。经调查,发现是饲料中毒,但因当时没有弄清毒物的来源。然而,事情并没有就此完结,当年6~10月,有4家人因患原因不明的皮肤病到九州大学附属医院就诊,患者初期症状为痤疮样

悲惨的世界——环境问题

皮疹,指甲发黑等。至1977年,因此病死亡人数达数百人,1978年,确诊患者累计达1684人。

这一事件引起了日本卫生部门的重视,通过尸体解剖,在死者五脏和皮下脂肪中发现了多氯联苯。多氯联苯被人畜食用后,多积蓄在肝脏等多脂肪的组织中,引起中毒。初期症状为眼皮肿胀,全身起红疹,其后症状转为肝功能下降,全身肌肉疼痛,重者发生急性肝坏死等,以至死亡。

第二次世界大战后的最初10年可以说是日本的经济复苏时期。在这个时期,日本对追赶欧美趋之若鹜,发展重工业、化学工业,跨入世界经济大国行列成为全体日本国民的兴奋点。然而,日本人在陶醉于日渐成为东方经济大国的同时,却没有多少人想到肆虐环境将带来的灭顶之灾。

◆化学试剂

◆战争场面

科学探秘——多氯联苯

多氯联苯(PCBs),我国习惯上按联苯上被氯取代的个数将其分为三氯联苯(PCB_3)、四氯联苯(PCB_4)、五氯联苯(PCB_5)、六氯联苯(PCB_6)。外观与

SHANDAI YU GONGCUN
HEYI KENENG

善待与共存何以可能

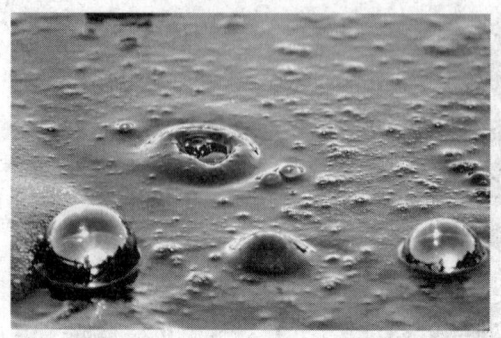

◆黑色的油

性状：流动的油状液体或白色结晶固体或非结晶性树脂，遇明火、高热可燃，与氧化剂可发生反应，受高热分解放出有毒的气体，属于强氧化剂。中毒病人有下列症状：痤疮增皮疹，眼睑浮肿和眼分泌物增多，皮肤、黏膜、指甲色素沉着，黄疸，四肢麻木，胃肠道功能紊乱等，即所谓"油症"。

多氯联苯泄漏应急处理

环保的过去、现在与未来

皮肤接触：脱去被污染的衣着，用大量流动清水冲洗。就医。眼睛接触：提起眼睑，用流动清水或生理盐水冲洗。就医。吸入：迅速脱离现场至空气新鲜处。保持呼吸道通畅。如呼吸困难，给予输氧。如呼吸停止，立即进行人工呼吸。就医。

呼吸系统防护：空气中浓度超标时，必须佩戴自吸过滤式防毒面具（全面罩）。紧急事态抢救或撤离时，应该佩戴空气呼吸器。眼睛防护：呼吸系统防护中已作防护。身体防护：穿胶布防毒衣。

泄漏应急处理：迅速撤离泄漏污染区人员至安全区，并进行隔离，严格限制出入。切断火源。建议应急处理人员戴自给式呼吸器，

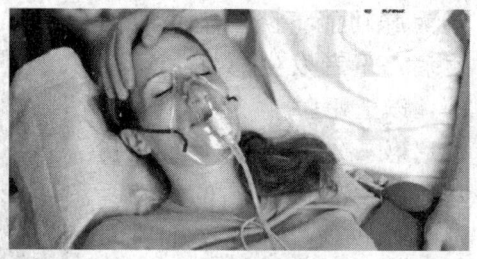

◆输氧治疗

◆防毒措施

· 128 ·   "科学就在你身边" 系列

悲惨的世界——环境问题

穿防毒服。不要直接接触泄漏物。尽可能切断泄漏源。若是液体，防止流入下水道、排洪沟等限制性空间。用砂土吸收。若大量泄漏，构筑围堤或挖坑收容。用泵转移至槽车或专用收集器内，回收或运至废物处理场所处置。若是固体，用洁净的铲子收集于干燥、洁净、有盖的容器中。

◆填埋处理

生活小知识——米糠油

米糠油是别具特色的珍贵的健康食用油。米糠油有非常好的抗氧化稳定性，这主要是由于它含有成分复杂的天然抗氧化剂。

精炼米糠油色泽淡黄，油中含80%以上不饱和脂肪酸，其中油酸含量很高，因此人体对米糠油的消化吸收率较高。米糠油具有降低人体血脂的功能；是一种良好的食用油脂。由于米糠油精炼成本比较高，得油率低，因此对米糠油目前只能大量用于制造肥皂、润滑油、脂肪酸。利用物理脱酸法精炼米糠油，正积极推广。

◆米糠油

SHANDAI YU GONGCUN
HEYI KENENG

善待与共存何以可能

地下的黑色液体
——美国腊夫运河事件

腊夫运河（LoveCanal）位于美国加利福尼亚州。加利福尼亚州，通常简称为加州，是美国西部太平洋岸边的一个州，在面积上是全美第三大州，人口上是全美第一大州。加利福尼亚无论是在地理、地貌、物产、还是人口构成上都十分多样化。由于早年的淘金热，加州有一个别名叫做金州。

◆金门大桥

事件简介

◆腊夫运河

腊夫运河是19世纪前为修建水电站挖成的一条运河，20世纪40年代就已干涸而被废弃不用了。1942年，美国一家电化学公司购买了这条大约1000米长的废弃运河，当作垃圾仓库来倾倒工业废弃物。这家电化学公司在11年的时间里，向河道内倾倒的各种废弃物达800万吨，倾倒的致癌废弃物

悲惨的世界——环境问题

HUANBAO DE GUOQU
XIANZAI YU WEILAI

◆垃圾处理

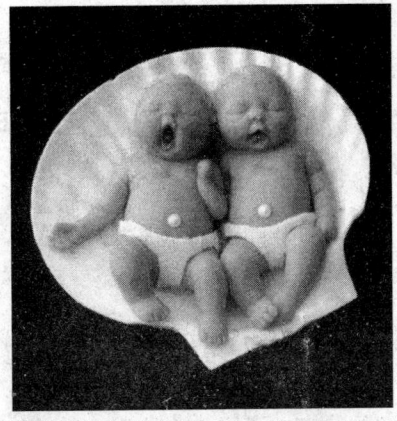

◆有趣的婴儿软陶

达4.3万吨。1953年,这条已被各种有毒废弃物填满的运河被公司填埋覆盖好后转赠给了当地的教育机构。此后,纽约市政府在这片土地上陆续开发了房地产,盖起了大量的住宅和一所学校。厄运从此降临在居住在这些建筑于昔日运河之上的建筑物中的人们身上。

从1977年开始,这里的居民不断发生各种怪病,孕妇流产,儿童夭折,婴儿畸形,癫痫、直肠出血等病症也频频发

◆法庭上律师辩护现场

生。1987年,这里的地面开始渗出一种黑色液体,引起了人们的恐慌。经有关部门检验,这种黑色污液中含有氯仿($CHCl_3$)、三氯酚($C_6H_3Cl_3O$)、二溴甲烷(CH_2Br_2)等多种有毒物质,对人体健康会产生极大的危害。这件事激起了当地居民的愤慨,当时的美国总统卡特宣布封闭当地住宅,关闭学校,并将居民撤离。事出之后,当地居民纷纷起诉,但因当时尚无相应的法律规定,该公司又在多年前就已将运河转让,诉讼

环保的过去、现在与未来

**SHANDAI YU GONGCUN
HEYI KENENG**

善待与共存何以可能

失败。直到20世纪80年代，环境对策补偿责任法在美国议院通过后，这一事件才被盖棺定论，以前的电化学公司和纽约政府被认定为加害方，共赔偿受害居民经济损失和健康损失费达30亿美元。

科学探秘——什么是氯仿？

◆氯仿

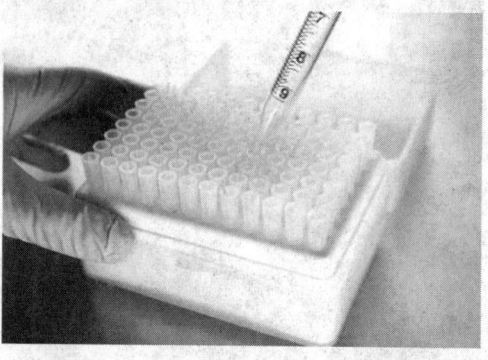

◆化学实验

三氯甲烷为氯仿的学名，又称"哥罗芳"、"三氯甲烷"和"三氯化碳"。氯仿为英语Chloroform的半意半音译；哥罗芳为音译。常温下为无色透明的重质液体，极易挥发，味辛甜而有特殊芳香气味。无色透明易挥发液体，有特殊甜味。相对密度（在20℃～4℃时）1.489，能与乙醚、乙醇、苯、石油醚、四氯化碳、苯、二硫化碳和油类等混溶。微溶于水。不易燃烧，但长期曝露在空气中可以燃烧，发出火焰或高温。有麻醉性，有毒，被认为是致癌物质。在日光、氧气、湿气中，特别是和铁接触时，则反应生成剧毒的光气。三氯甲烷主要作用于中枢神经系统，具有麻醉作用，对心、肝、肾有损害。

事件启示

腊夫运河事件是典型的固体废弃物无控填埋污染事件。固体废弃物主要来源于人类的生产和消费活动，是指被丢弃的固体和泥状物质，包括从废水、废气中分离出来的固体颗粒。固体废弃物可对环境造成多方面的污染，其危害从腊夫运河事件可见一斑。如果把固体废弃物直接倾倒入江河

悲惨的世界——环境问题

湖海,会造成对水体的污染;如果露天堆放固体废弃物遇到刮风,其尘粒就会随风飞扬,污染大气;固体废弃物在焚化时也会散发含有二噁叶等有毒致癌物的毒气和臭气污染大气环境;堆放或填埋的固体废弃物及其渗出液会污染土壤,并通过土壤和水体在植物机体内积存,进而进入食物链,影响人类健康。

20世纪后,工业发展推动了城市化,城市垃圾问题也开始时刻困扰着人们的生活。垃圾是固体废弃物的一种。目前,全世界的垃圾生产量在不断增长着,每年产生的垃圾约达100亿吨,相当于全世界粮食产量的6倍,钢产量的14倍。美国近20年来的垃圾的增长曲线甚至超过了人口增长曲线。城市垃圾不仅是生产量增长,而且在成分上也与过去有着质的变化。

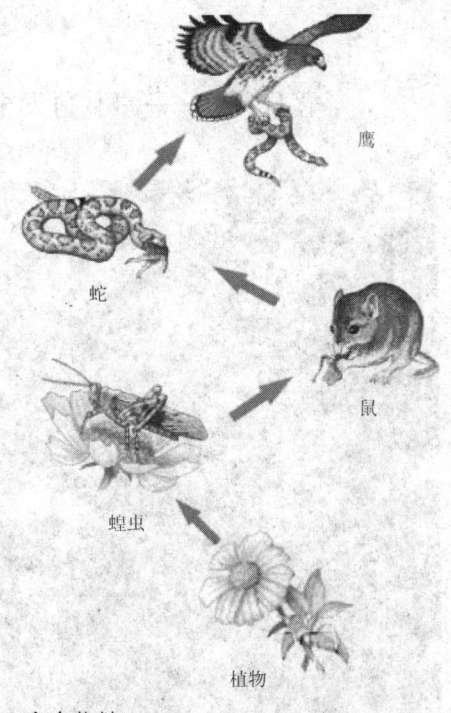

◆食物链

◆工业化生产

◆人口增长

环保的过去、现在与未来

SHANDAI YU GONGCUN HEYI KENENG
善待与共存何以可能

背后调查——事件的发生

环保的过去、现在与未来

◆垃圾堆如山

◆美丽的普林斯顿大学

1987年春，洛伊斯·吉布斯是一名家庭主妇，有两个孩子，5岁大的儿子麦克患有肝病、癫痫、哮喘和免疫系统紊乱症。5年来，她绝大多数时间是在医院儿科病房度过的。她不明白为什么儿子小小年纪竟会患上这么多奇怪的病症。有一天，她偶然从报纸上得知，拉夫运河小区曾经是一个堆满化学废料的大垃圾场，于是她开始怀疑儿子的病是不是由这些化学废料导致的。当她把自己的怀疑说给邻居们听的时候，许多人也产生了同样的怀疑。随后吉布斯联络了一些姐妹开始进行调查，看是否还有类似遭遇的家庭。结果她们吃惊地发现了一个又一个家庭都曾出现流产、死胎和新生儿畸形、缺陷等经历。此外，许多成年人体内也长出了各种肿瘤。随即，一个令人不安的事实被曝光：从1942年到1953年，胡克化学公司在运河边倾倒了两万多吨化学物质。

1954年，胡克公司将垃圾埋藏封存在那里之后，以一美元的价格将土地卖给了当地的教育委员会，并附有关于有毒物质的警告。令人气愤的是，政府明知土地已被污染，但仍然在那里建立了一所小学。不久之后，小学周边的地区开始繁盛起来，逐渐形成了拉夫运河小区。然而，新来的居民哪里知道有毒物质正在渗入他们的社

悲惨的世界——环境问题

HUANBAO DE GUOQU
XIANZAI YU WEILAI

区。那些化学废料逐渐渗出地面，威胁着人们健康。

事件后续

如何消纳不断出现、并且越来越多的垃圾成为最令人头疼的事情。除了有机垃圾可以进行发酵堆肥以外，城市生活垃圾的处理方式一般为填埋和焚烧。填埋会占用大量的土地，美国在本世纪初曾自恃土地广博而占用了大量土地来填埋垃圾。然而到了20世纪80年代中期，就到了无处可埋的地步，只好寻求垃圾出口，甚至企图把垃圾卸到南极，由此引起了世界各国的公愤。另外，填埋过垃圾的土地是不宜利用的，因为垃圾中的各种有毒有害物质会随着雨水渗入地下，污染土地和水源。如果填埋不当垃圾内部产生的甲烷气还易引起爆炸。

目前普遍认为用焚烧炉焚烧垃圾是较先进的办法。的确，焚烧场占地面积小，解决了大量占用土地和远途运送垃圾的交通运输问题；垃圾焚烧过程中产生的热能可以利用，焚烧后产生的垃圾灰还可以制作建筑材料等。然而，建设垃圾焚烧设备一次性投资较大，焚烧炉工艺复

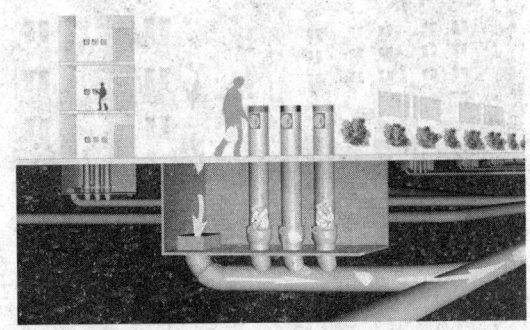
◆先进的瑞典垃圾处理系统示意图

◆瑞典的工人利用垃圾处理系统轻松处理垃圾

环保的过去、现在与未来

"科学就在你身边"系列   ·135·

SHANDAI YU GONGCUN
HEYI KENENG

善待与共存何以可能

◆江苏省盐都区垃圾焚烧发电项目

杂，操作技术要求也十分严格，如果焚烧设施或技术不过关，焚烧过程中会释放出有毒有害气体，造成严重的二次污染。2001年国外报道的垃圾焚烧厂工人血液中二阳唤含量超标事件，更增加了对焚烧炉的设备以及原本就很复杂严格的焚烧工艺和技术操作的要求，加大了建设垃圾焚烧厂的难度。

环保的过去、现在与未来

悲惨的世界——环境问题

HUANBAO DE GUOQU
XIANZAI YU WEILAI

"森林的坟墓"
——欧洲"黑三角地带"事件

苏台德山脉——欧洲中部山脉。在波兰、捷克、德国边境。北一东走向，长约300公里，宽32~48公里。由一些平行山系组成。一般海拔1000米以上，最高峰斯涅日卡山，海拔1602米。主要为花岗岩、片麻岩、页岩和玄武岩等构成。山脊有冰斗、冰川谷、冰碛湖。拉贝、奥得、摩拉瓦诸河发源于此。冬季积雪。山坡有栎、山毛榉、云杉、冷杉林和草甸。有煤、铜、镍、铁矿。

◆苏台德山脉

事件简介

1980年，一场异常的寒流袭击了欧洲。在德国、捷克、斯洛伐克和波兰接壤处苏台德山脉的"黑三角地带"，大片早已被酸雨侵蚀得表皮剥离的枯黑林木终于没能耐受住这场寒流，像一盘骨牌般纷纷倒下，使这里成为"森林的墓地"。

◆酸雨破坏的森林

环保的过去、现在与未来

SHANDAI YU GONGCUN HEYI KENENG
善待与共存何以可能

◆化工厂

这片三角地带曾是炼钢厂、煤矿、化工厂集中的地方，由于工业废弃物和硫酸化合物的高浓度排放，这里的降水比正常 pH 值的酸度高出十几倍，是酸雨侵害最为严重的地方之一。由于林木遭到了毁灭性的破坏，这里没有鸟鸣，没有花香，酸雨给这片曾经每年可接待 600 万观光客的国立公园带来的损失无以计量。

 科学探秘——什么是酸雨？

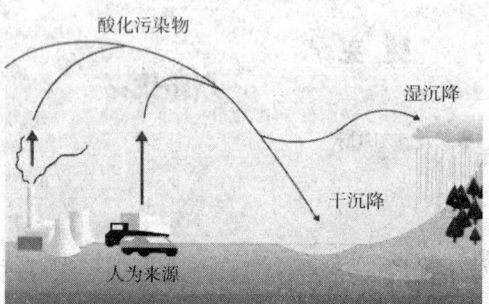

◆酸雨形成过程

酸雨被称为"空中死神"，是大气污染的一种表现。"酸雨"是通俗性名称，其准确叫法应为酸性沉降，既包括酸雪、酸雾、酸冰雹等酸性降水，又包括空中的污染物以干物质的形式降落到地面后，与水分作用生成的酸。就是说，即便不发生降水，浮游在云中的微小气溶胶也能连续不断地降落，广义的酸雨也包括这种"酸性干沉降"。酸雨的发生和浓度与大气污染程度成正比。

煤炭等石化燃料燃烧时，排放的二氧化硫（SO_2）和氮氧化物（NO_x）等污染物与大气中的水蒸气结合，生成硫酸和硝酸。当这些污染物随着降水落下时，就会形成低 pH 酸雨、酸雪。酸雨的 pH 值为 5.6 以

◆下雪的村庄

悲惨的世界——环境问题

下。pH值是氢离子浓度指数,显示的是溶液的酸、碱度。中性蒸馏水的pH值是7,大于7的呈碱性,小于7的呈酸性。电池的pH值是1,食醋的pH值是2.9。酸雨的发生和浓度与大气污染程度成正比。酸雨有固定发生源和移动发生源。火力发电工业及民用锅炉、焚烧炉等都是酸雨的固定发生源,汽车尾气排放则是酸雨的移动发生源。

酸雨的危害

酸雨会严重地破坏生态环境,使土壤酸化,农作物减产,林木枯死;使湖泊河流的水质酸化,水中的水生物死亡。酸雨还会腐蚀各种建筑物,使钢铁锈蚀,使水泥或大理石溶解,使各种历史遗迹受到不可弥补的损坏。据调查,在欧洲,除了"黑三角地带"80%的森林遭到了毁灭性的破坏以外,瑞典约有4500个湖泊里的鱼由于酸雨的影响而绝迹了,雅典有名的重要文物巴合农神庙也受到了酸雨的损害。中国四川峨嵋山的林木有80%也遭到了酸雨的损害,著名的四川乐山大佛也因酸雨而"遍体鳞伤"。

目前,全世界有三大酸雨区:北美地区、欧洲地区、中国南方地区。中国国内大量使用煤炭燃料,南方使用的煤炭燃料又多为高硫煤,致使酸雨区的降水酸度仍在升高,面积仍在扩大,并有"北上东移"的倾向。中国每年由于酸雨造成200万平方公里农田受害,经济损失达200亿元人民币左右。

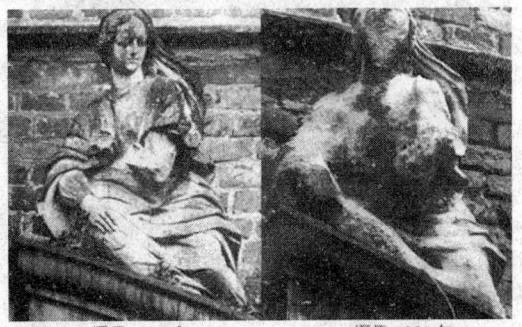

摄于1908年　　摄于1968年
◆受酸雨侵蚀的德国石雕

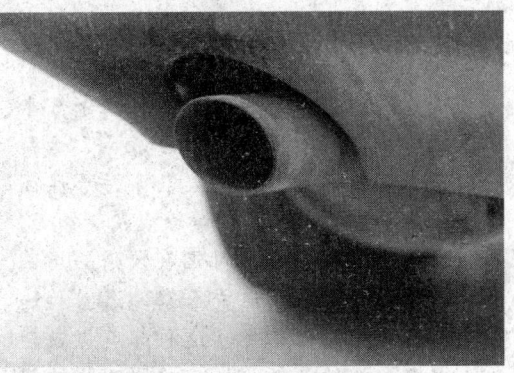

◆酸雨的发生源之一汽车尾气

环保的过去、现在与未来

SHANDAI YU GONGCUN
HEYI KENENG

善待与共存何以可能

◆减少高硫煤燃烧

◆经济损失

虽然目前还不能有效地控制酸雨的发生，但世界各国都在积极地进行着建立酸雨监测系统的工作。一些国家为拯救被酸化了的湖泊和河流，每年要花费几千万美元向水域里投放石灰。1979年，为减少二氧化硫的排放量，由联合国欧洲经济委员会（ECE）发起，在日内瓦签署了长距离跨边界大气污染公约。中国从20世纪70年代开始对酸雨进行监测，并在控制燃煤，改燃煤为天然气，减烧高硫煤方面采取措施。

科学趣闻——酸雨的黑色幽默

◆绿头发

酸化的地下水还腐蚀自来水管。瑞典南部马克郡的西里那村，有一户人家3个孩子的头发都从金黄色变成了绿色。这就是使马克郡出名的"绿头发"事件。原因是他们把井中的汲水管由锌管换成了铜管，而pH值小于5.6的水对铜有较强的腐蚀性，产生铜绿。所以这户人家的浴室和洗漱台都已被染成铜绿色。这种溶有铜或锌离子的水还能使婴幼儿发生原因不明的腹泻。马克郡的幼儿园发生过的集体"食物中毒"也是这个原因（大约半数的瑞典人都是把地下水作为饮用水源的）。英国的兰克夏，水龙头里曾放出含有因水管腐蚀而

悲惨的世界——环境问题

造成大量铁锈的浊水。酸雨甚至使输水管道因腐蚀而破裂。1985年圣诞节前4天，英国约克夏直径1米的输水管破裂，备用的也都不能使用，使20万人一度处于断水的恐慌之中。

治理措施

世界上酸雨最严重的欧洲和北美许多国家在遭受多年的酸雨危害之后，终于都认识到，大气无国界，防治酸雨是一个国际性的环境问题，不能依靠一个国家单独解决，必须共同采取对策，减少硫氧化物和氮氧化物的排放量。目前世界上减少二氧化硫排放量的主要措施有：

1. 原煤脱硫技术，可以除去燃煤中大约40%～60%的无机硫。

2. 优先使用低硫燃料，如含硫较低的低硫煤和天然气等。

3. 改进燃煤技术，减少燃煤过程中二氧化硫和氮氧化物的排放量。例如，液态化燃煤技术。

4. 对煤燃烧后形成的烟气在排放到大气中之前进行烟气脱硫。目前主

◆石灰法除二氧化硫气体

要用石灰法，可以除去烟气中85%～90%的二氧化硫气体。

5. 开发新能源，如太阳能、风能、核能、可燃冰等。

◆烟气脱硫

环保的过去、现在与未来

SHANDAI YU GONGCUN
HEYI KENENG

善待与共存何以可能

爆炸的杀虫剂
——印度博帕尔事件

博帕尔是印度中部城市，中央邦首府，海拔523米，人口有1433875人。重要的小麦产区，新兴工业城市。有面粉、造纸、制革、纺织、化学、制糖和五金工具等工业。1984年12月2日，在博帕尔发生了历史上规模最大的毒气泄露案，导致数以万计的平民百姓死亡，20万人受害。当地居民至今尚未得到合理的赔偿。

◆博帕尔城附近最古老的寺庙

环保的过去、现在与未来

事件简介

◆恐怖的蘑菇云

1984年12月3日凌晨，印度中部博帕尔市北郊的美国联合碳化物公司印度公司的农药厂，突然传出几声尖利刺耳的汽笛声，紧接着在一声巨响声中，一股巨大的气柱冲向天空，形成一个蘑菇状气团，并很快扩散开来。这不是一般的爆炸，而是农药厂发生的严重

悲惨的世界——环境问题

毒气泄漏事故。

12月2日晚,博帕尔农药厂工人发现异氰酸甲酯的储槽压力上升,午夜零时56分,液态异氰酸甲酯以气态从出现漏缝的保安阀中溢出,并迅速向四周扩散。毒气的泄漏犹如打开了潘多拉的魔盒。虽然农药厂在毒气泄漏后几分钟就关闭了设备,但已有30吨毒气化作浓重的烟雾以5千米/小时的速度迅速四处弥漫,很快就笼罩了25平方公里的地区,数百人在睡梦中就被悄然夺走了性命,几天之内有2500多人毙命。当毒气泄漏的消息传开后,农药厂附近的人们纷纷逃离家园。他们利用各种交通工具向四处奔逃,只希望能走到没有受污染的空气中去。很多人被毒气弄瞎了眼睛,只能一路上摸索着前行。一些人在逃命的途中死去,尸体堆积在路旁。在侥幸逃生的受害者中,孕妇大多流产或产下死婴,有5万人可能永久失明或终生残疾,余生将苦日无尽。

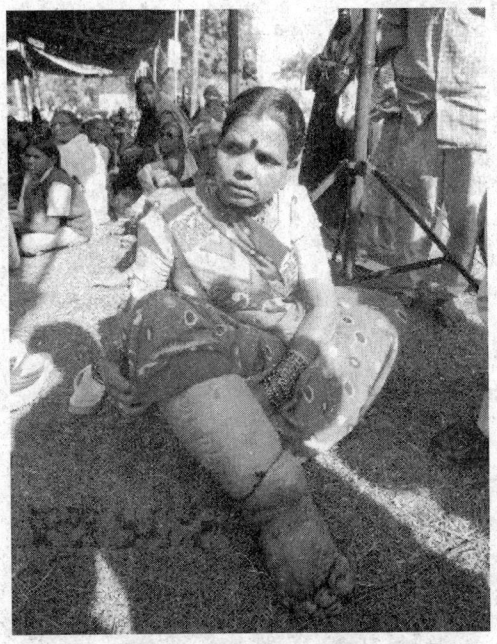
◆一名老妇人正在展示其由于毒气泄漏致残的肢体

◆参与纪念毒气泄漏事件20周年集会上的民众

环保的过去、现在与未来

科学探秘——异氰酸甲酯

无色清亮液体,有强刺激性。分子量57.06。相对密度0.9599。沸点

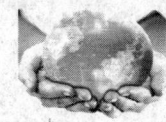

SHANDAI YU GONGCUN HEYI KENENG
善待与共存何以可能

39.1℃。自燃点534℃。蒸气密度1.42。15℃时水中溶解度1%；20℃时，6.7%。除不锈钢、镍、玻璃、陶瓷外其他材料与其接触均有被腐蚀危险，尤其不能使用铁、钢、锌、锡、铜或其合金作为盛装容器。遇热、明火、氧化剂易燃。高温下裂解可形成氰化氢。遇热分解放出氮氧化物烟气。异氰酸甲酯属于易燃性之剧毒性液体。

◆异氰酸甲酯分子模型

事件思考

博帕尔事件是发达国家将高污染及高危害企业向发展中国家转移的一个典型恶果。事故发生后，美印双方就谁是主要责任者问题展开了唇枪舌剑的争论。最后，这桩案子以美国的巨额赔款了结。其实，无论双方怎样争辩，人们只要把博帕尔农药厂的安全装置和美国本土上类似工厂的安全装置做一个对比，就会对此问题一目了然。美国本土的这类工厂都设有先进的电脑报警装置，并大都远离人口稠密区，而博帕尔农药厂只有一般性的安全措施，周围还有成千上万的居民。

20世纪后半叶，公害问题在发达国家得到广泛关注，人们对此谈虎色变，十分敏感。这些企业利用

◆某化工厂外景

◆化工污染空气

环保的过去、现在与未来

悲惨的世界——环境问题

◆化工污染水源

一些发展中国家为获取较大的经济利益热衷于吸引外资,忽视安全和环境保护,把一些发达国家几乎不允许设立的产业转移到发展中国家。这就是所谓的"工业的重新布局"——把污染企业从受控制区域向不受控制区域转移,被称为"污染天堂"理论。目前,这种"污染天堂"战略正受到越来越多的发展中国家和环保组织的尖锐批评。

轶闻趣事——2004年的恶作剧

2004年12月3日,事件的20周年,英国广播公司播出访问片段,一名声称陶氏化工的代表宣布公司愿意清理灾难现场和赔偿死伤者。播出后,陶氏化工立即发表声明指该名受访者与公司毫无关系。BBC发出更正并播出道歉声明。该名受访者原来是恶作剧组织 The Yes Man 的成员。该组织表示他们这样做是为了向大众展示企业如何能够为事件作出补偿,以及为事件争取曝光,因为该次灾难已渐被淡忘。

◆英国广播公司

环保的过去、现在与未来

SHANDAI YU GONGCUN
HEYI KENENG
>>>>>>>>>>>>>>>>>>>>>> 善待与共存何以可能

环保的过去、现在与未来

事件后续

◆一名老妇人展示介绍毒气泄漏事件的宣传品

◆悲伤的亲人

2004年12月3日,在印度中央邦首府博帕尔的沙杰汗公园,一名老妇人展示介绍毒气泄漏事件的宣传品。当天是博帕尔毒气泄漏事件20周年纪念日。20年前的12月3日凌晨,印度中央邦首府博帕尔市郊的美国联合碳化物公司农药厂发生毒气泄漏。毒气穿过沉睡中的贫民窟,无声地向市区扩散开去,像死亡魔杖一样,所到之处人畜倒毙,当天就有3000多人死亡,数十万人受害,许多人在逃跑途中死去。这就是震惊世界的博帕尔惨案。

20年过去了,毒气泄漏事件给博帕尔人造成的伤害并没有结束。

在沙杰汗公园举行的受害者自发组织的集会上,记者看到了近千名致残程度不同的受害者。白发老妇人萨亚拉·卡坦双目已经失明,几只小飞虫在她塌陷的双眼前飞来飞去。58岁的巴黑德·汗要幸运得多。巴黑德眼里含着泪说:"那天夜里,我正在睡觉,突然开始咳嗽、呕吐,睁开眼,看到了浓烟,还以为是邻居家在烧东西。我去叫弟弟,已经叫不醒了。看到别人在跑,就跟着跑,不知道发生了什么事。天亮时才听到麦克风在喊是

悲惨的世界——环境问题

HUANBAO DE GUOQU
XIANZAI YU WEILAI

◆沙杰汗公园举行的受害者自发组织的集会

◆博帕尔惨案雕像

毒气泄漏。弟弟、姐姐和父亲死了,我却活了下来。"自那以后,他就经常流泪,干活的时候还经常咳嗽,看东西不行了,就靠药物维持。

在工厂外,人们专门为这一惨案而竖立的一座母子雕像显得异常凄美动人:一位母亲右手怀抱着死去的婴儿,左手掩面哭泣,她告诉世人永远不要忘记博帕尔惨案这一人间悲剧。

环保的过去、现在与未来

SHANDAI YU GONGCUN
HEYI KENENG
善待与共存何以可能

地球的外衣破了
——臭氧层空洞

环保的过去、现在与未来

因受太阳紫外线照射的缘故,臭氧层在距离地球表面14~25公里的高空,形成了包围在地球外围空间的臭氧层,这臭氧层正是人类赖以生存的保护伞。人类真正认识臭氧还是在150多年以前,由德国化学家先贝因博士首次提出在水电解及火花放电中产生的臭味,同在自然界闪电后产生的气味相同,先贝因博士认为其气味类似于希腊文的OZEIN(意为"难闻"),由此将其命名为OZEIN.(臭氧)。

◆保护伞

臭氧层空洞简介

◆臭氧层

臭氧层空洞是大气平流层中臭氧浓度大量减少的空域。臭氧层是大气平流层中臭氧浓度最大处,是地球的一个保护层,太阳紫外线辐射大部分被其吸收。

臭氧在大气中从地面到70千米的高空都有分布,其最大浓度在中纬度24千米的高空,向极地缓慢降低,最小浓度在极地17千米的高空。20世纪50年代末到70年代就发现臭氧浓度有

悲惨的世界——环境问题

减少的趋势。1985年英国南极考察队在南纬60°地区观测发现臭氧层空洞,引起世界各国极大关注。臭氧层的臭氧浓度减少,使得太阳对地球表面的紫外辐射量增加,对生态环境产生破坏作用,影响人类和其他生物有机体的正常生存。关于臭氧层空洞的形成,在世界上占主导地位的是人类活动化学假说:人类大量使用的氯氟烷烃化学物质(如制冷剂、发泡剂、清洗剂等)在大气对流层中不易分解,当其进入平流层后受到强烈紫外线照射,分解产生氯游离基,游离基同臭氧发生化学反应,使臭氧浓度减少,从而造成臭氧层的严重破坏。为此,于1987年在世界范围内签订了限量生产和使用氯氟烷烃等物质的蒙特利尔协定。2008年形成的南极臭氧空洞的面积到9月第二个星期就已达2700万平方公里,而2007年的臭氧空洞面积只有2500万平方公里。2000年,南极上空的臭氧空洞面积达创记录的2800万平方公里,相当于4个澳大利亚。科学家目前尚不清楚2008年的臭氧空洞面积是否会打破这个记录。

大气圈的臭氧入不敷出,浓度降低。科学家在1985年首次发现:1984年,南极上空的臭氧层中,臭氧的浓度较20世纪70年代中期降低40%,已不能充分阻挡过量紫外线,

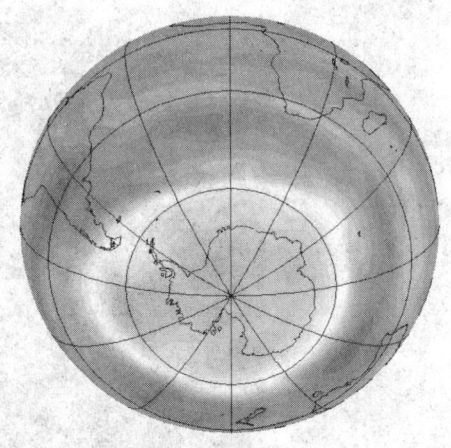
◆臭氧层空洞

◆一般冰箱中含有制冷剂

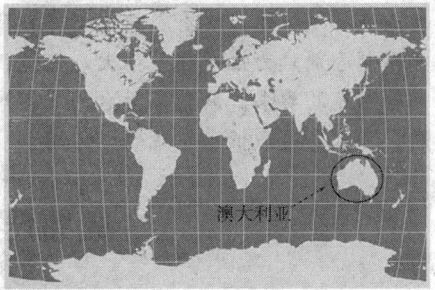
◆澳大利亚的大小

环保的过去、现在与未来

善待与共存何以可能

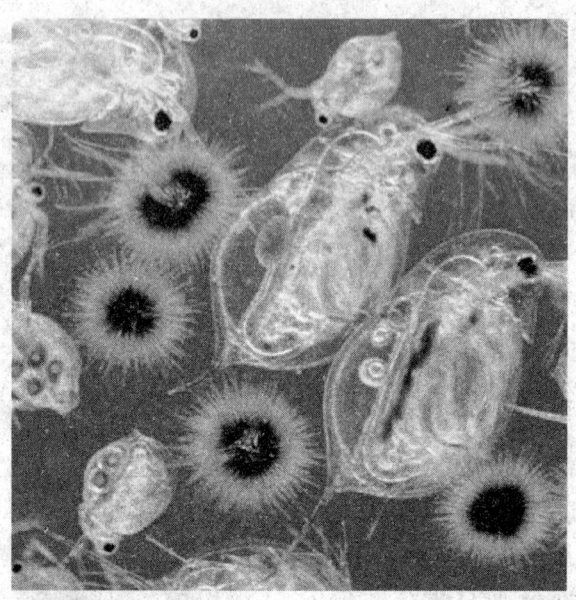

◆海洋浮游生物

造成这个保护生命的特殊圈层出现"空洞",威胁着南极海洋中浮游植物的生存。

 **广角镜:氟氯烃——氟里昂**

氟里昂是几种氟氯代甲烷和氟氯代乙烷的总称。氟里昂在常温下都是无色气体或易挥发液体,略有香味,低毒,化学性质稳定。不同的化学组成和结构的氟里昂制冷剂热力性质相差很大,可适用于高温、中温和低温制冷机,以适应不同制冷温度的要求。氟利昂对水的溶解度小,制冷装置中进入水分后会产生酸性物质,并容易造成低温系统的"冰堵",堵塞节流阀或管道。

臭氧层空洞成因

对南极臭氧洞形成原因的解释有3种,即大气化学过程解释,太阳活动影响和大气动力学解释。

悲惨的世界——环境问题

其一，大气化学过程解释，认为臭氧层中可以产生某种大气化学反应，将3个氧原子含量的臭氧（O_3）分解为分子氧（O_2）和原子氧（O），从而破坏了臭氧层。

其二，太阳活动影响解释，认为当太阳活动峰年（即太阳活动强烈的时期）前后，宇宙射线明显增强，促使O_3转换为O_2。

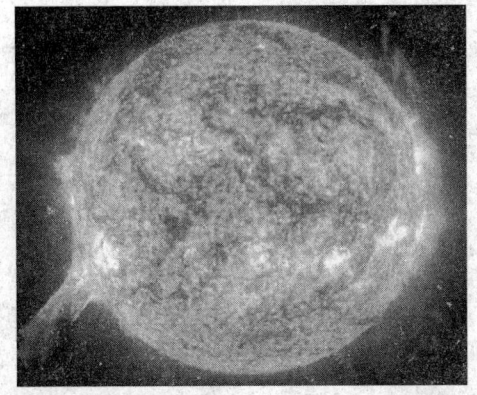
◆太阳活动

其三，大气动力学解释认为，初春，极夜结束，太阳辐射加热空气，产生上升运动，将对流层臭氧浓度低的空气输入平流层，使得平流层臭氧含量减小，容易出现臭氧洞。

一般认为，在人为因素中，工业上大量使用氟里昂气体是破坏臭氧层的主要原因之一。通常，氟里昂是比较稳定的物质，然而，当它被大气环流带到平流层（16～30公里）时，由于受太阳紫外线的照射，容易形成游离的氯离子。这些氯离子非常活泼，容易与臭氧起化学反应，把臭氧（O_3）变成氧分子（O_2）和氧原子（O），从而形成了臭氧洞。

◆极夜现象

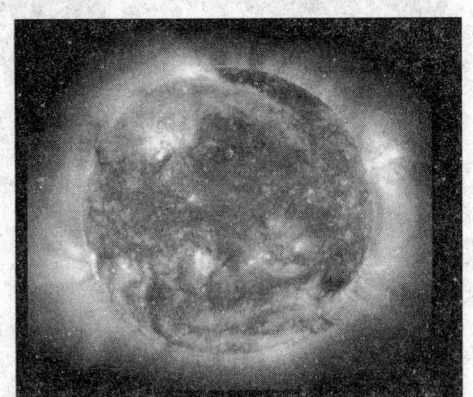
◆太阳紫外线辐射

环保的过去、现在与未来

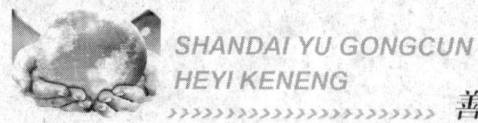

SHANDAI YU GONGCUN HEYI KENENG
善待与共存何以可能

臭氧层空洞危害

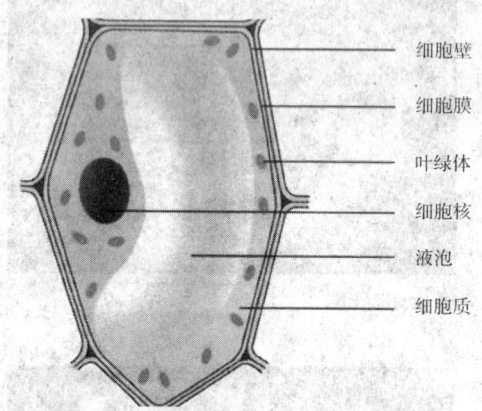

◆细胞

细胞壁
细胞膜
叶绿体
细胞核
液泡
细胞质

◆晒黑的皮肤

环保的过去、现在与未来

从医学上来说，较短波的紫外线辐射杀伤能力最大，能杀死细胞，破坏生物细胞内的遗传物质，如染色体、脱氧核糖核酸等，严重时会导致生物的遗传病，产生突变体，导致人类的皮肤癌。

臭氧层空洞威胁人类生存。十多年来，经科学家研究，大气中的臭氧每减少1%，照射到地面的紫外线就增加2%，人的皮肤癌就增加3%，还受到白内障、免疫系统缺陷和发育停滞等疾病的袭击。现在居住在距南极洲较近的智利南端海伦娜岬角的居民，只要走出家门，就要在衣服遮不住的肤面，涂上防晒油，戴上太阳眼镜，否则半小时后，皮肤就晒成鲜艳的粉红色，并伴有痒痛。紫外线的增强还会使城市内的烟雾加剧，使橡胶、塑料等有机材料加速老化，使油漆褪色等。

悲惨的世界——环境问题

科学探索——臭氧层空洞最新发现

2006年,研究臭氧层的300多位科学家,在布伊诺斯艾利斯举行的国际会议上预测,臭氧层大洞大概会在50年内闭合。研究人员说,臭氧层大洞的缩小主要是由于1987年各国开始采取措施限制向大气中排放氟利昂等化学物质收到了预期效果。

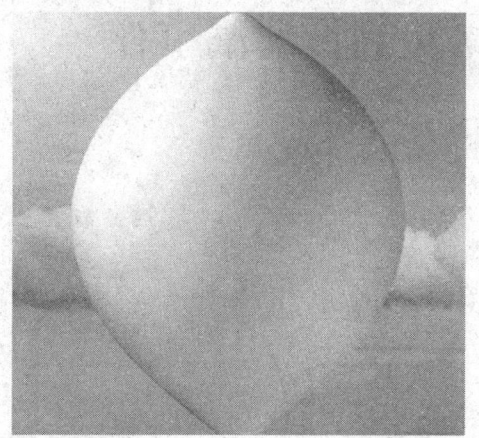

◆气象气球

◆更换空调

如何保护臭氧层

爱护臭氧层的消费者,购买带有"无氯氟化碳"标志的产品;

爱护臭氧层的一家之主,合理处理废旧冰箱和电器;

爱护臭氧层的农民,不用含甲基溴的杀虫剂;

爱护臭氧层的制冷维修师,确保维护期间冷却剂不会释放到大气中;

爱护臭氧层的办公室员工,鉴定公司现有设备中那些使用了消耗臭氧层的物质;

爱护臭氧层的公司,替换在办公室和生产过程中所用的消耗臭氧层物质;

爱护臭氧层的教师,告诉大家了解哪些是消耗臭氧层物质。

◆保护臭氧层

环保的过去、现在与未来

"科学就在你身边"系列

SHANDAI YU GONGCUN
HEYI KENENG

善待与共存何以可能

永恒的工程
——前苏联切尔诺贝利核泄漏事件

切尔诺贝利核电站位于乌克兰北部，距首都基辅只有140公里，它是原苏联时期在乌克兰境内修建的第一座核电站。曾几何时，切尔诺贝利是苏联人民的骄傲，被认为是世界上最安全、最可靠的核电站。但1986年4月26日的一声巨响彻底打破了这一神话。事故最开始是核电站的第4号核反应堆在进行半烘烤实验中突然失火，引起爆炸，其辐射量相当于500颗美国投在日本的原子弹。8吨多强辐射物质泄露，尘埃随风飘散，致使俄罗斯、白俄罗斯和乌克兰许多地区遭到核辐射的污染。

◆切尔诺贝利核泄露影响范围示意图

事件简介

◆4号发电机组外部为防止核泄漏而修建的混凝土外壳——"石棺"的加固工程正在进行

1986年4月26日当地时间1点24分，苏联的乌克兰共和国切尔诺贝利核能发电厂发生严重泄漏及爆炸事故。事故导致31人当场死亡，上万人由于放射性物质远期影响而致命或重病，至今仍有被放射线影响而导致畸形胎儿的出生。这是有史以来最严重的核事故。外泄的辐射尘随着大气飘散到前苏联的

环保的过去、现在与未来

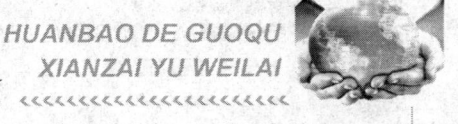

悲惨的世界——环境问题

西部地区、东欧地区、北欧的斯堪地维亚半岛。乌克兰、白俄罗斯、俄罗斯受污染最为严重,由于风向的关系,据估计约有60%的放射性物质落在白俄罗斯的土地。此事故引起大众对于前苏联的核电厂安全性的关注,事故也间接导致了苏联的瓦解。苏联瓦解后独立的国家包括俄罗斯、白俄罗斯及乌克兰等每年仍然投入经费与人力致力于灾难的善后以及居民健康保健。因事故而直接或间接死亡的人数难以估算,且事故后的长期影响到目前为止仍是个未知数。

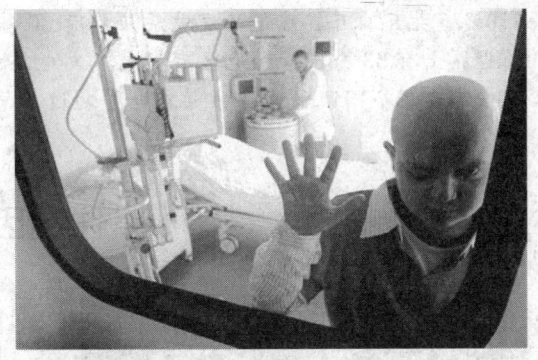

◆受核泄漏事故影响的儿童

 **广角镜——什么是核电站?**

　　核电站就是利用一座或若干座动力反应堆所产生的热能来发电或发电兼供热的动力设施。核电厂用的燃料是铀。用铀制成的核燃料在"反应堆"的设备内发生裂变而产生大量热能,再用处于高压力下的水把热能带出,在蒸气发生器内产生蒸气,蒸气推动汽轮机带着发电机一起旋转,电就源源不断地产生出来,并通过电网送到四面八方。核电自20世纪50年代中期问世以来,已取得长足发展。到1999年中期,世界上共有436座发电用核反应堆在运行,总装机容量为

◆秦山核电站夜景

◆秦山核电站

环保的过去、现在与未来

"科学就在你身边"系列　　· 155 ·

SHANDAI YU GONGCUN
HEYI KENENG

善待与共存何以可能

350 676兆瓦。正在建造的发电反应堆有30座，总装机容量为21 642兆瓦。目前世界上有33个国家和地区有核电厂发电，核发电量占世界总发电量的17%，其中有十几个国家和地区核电发电量超过各总发电量的四分之一，有的国家超过70%。

事件起因

◆乌克兰总统尤先科献花悼念切尔诺贝利遇难者

◆切尔诺贝利事故现场

◆4号反应堆的控制室

关于事故的起因，官方有两个互相矛盾的理论。第一个是在1986年8月公布，有效地令事故的指责只归于核电站操作员。第二个则是发布于1991年，认为事故由于压力管式石墨慢化沸水反应堆的设计缺陷引致，尤其是控制棒的设计。双方的调查团都被多方面游说，包括反应堆设计者、切尔诺贝利核电站职员及政府。现在一些独立的专家相信两个理论都并非完全正确。

另一个促成事故发生的重要因素是职员并没有收到反应堆问题报告的

操作员的操作失误也是该事件发生的关键问题所在，操作员的操作本可以避免或者减少该事件的损失！

HUANBAO DE GUOQU
XIANZAI YU WEILAI

悲惨的世界——环境问题

事实。根据一名职员所述,设计者知道反应堆在某些情况下会出现危险,但将其蓄意隐瞒。在细节中,反应器有一个危险高正面空系数。简单地说,这意味着如果蒸气气泡形成在反应器冷却剂中,核反应加速,如果没有其他干预,将会导致逃亡反应。更坏的话,在低功率输出,这个其他因素未补偿正面空系数,会使反应器不稳定和危险。

展望——切尔诺贝利核电站事故之后

◆离核电站仅3公里的小镇20年来成为无人居住的"死城"

切尔诺贝利电厂并没有因为4号机组出问题而停止运作,只是封闭了电厂的4号机,并且用200米长的水泥墙与其他机组隔开,但由于缺乏能源,所以乌克兰政府让其他3个机组继续运作。而后几年间,直到2000年11月其他几个机组才相继关闭。至此,整个切尔诺贝利发电厂就停止发电,永远不再运作。

永恒的工程

损毁的4号机组现正使用石棺水泥围墙保护着以阻止辐射扩散,但这并非是一个永远安全的做法。原因是在于当时以工业遥控机器人搭建的石棺正在严重地变旧。如果石棺倒塌的话,有可能会导致机组释放出有辐射性的尘埃。这些石棺脆弱程度连一阵低震级的地震,或一阵强烈的大

◆一名乌克兰男子行走在荒芜的小路上

SHANDAI YU GONGCUN
HEYI KENENG

善待与共存何以可能

◆切尔诺贝利核电站30公里范围内严格限制人员进入

风,都可能引至其屋顶倒塌。因此,当局曾经研究出好几种支撑围墙的方案。

目前反应炉的废墟楼顶正由该反应堆大楼重建。两个所谓"庞大的梁",不单是支撑了反应炉的屋顶,还支援了其他倚赖架构的回应堆大楼墙。如果回应堆大楼的墙和反应炉的屋顶倒塌,惊人数量的放射性灰尘和粒子将会被直接释放到空气中,令辐射物质毁灭周围的环境。这个石棺除了覆盖已破坏的反应堆,也包含在4号反应堆上的残余放射性物质。而提出一个新的石棺设计时,只能预期最多只有100年的寿命。所以,永久的石棺建设将无疑对工程师来说,是一项具挑战未来多代的工程。

知己知彼

——环保小常识

　　古时候，在我国江南某地有一个小官吏。一天，他接到一个出差的任务，是到当时的京城去送文件。他骑着一匹马匆匆上了路，傍晚，他歇宿在一个旅馆里。旅馆里有一口水井，井水冬暖夏凉，还有一丝淡淡的甘甜。小官吏喝着井水，感到旅途的辛劳减轻了不少。这口井为南来北往的人增添了许多美好的回忆。但这个小官吏是个自私自利的人，第二天早上他离开旅馆时，顺手便把马吃剩下的残草败根倒在了水井里。过了一个月左右，小官吏从京城办完事回来，又来到这家旅馆。他赶到这里时，天已完全黑了，经过一天的长途奔波，小官吏感到又累又渴，他便从水井里打水上来喝。由于天黑看不清水桶里的水，小官吏又渴得够呛，喝起水来如同牛饮一样，结果喝进去一根草杆。草杆卡在小官吏的喉咙里，吞又吞不下，吐又吐不出，不一会儿，小官吏就一命呜呼了。而这草杆正是他前次来的时候，倒在水井里的。古人为了吸取小官吏的教训，便告诫后人说："千年井，不反唾。"这就是告诫人们不要弄脏水源的意思。原来，我国古人早就懂得了保护水资源、爱护自然环境的道理。

　　地球环境的恶化引起了人们的广泛关注，于是，环境保护日渐得到了各国的重视。但是，由于环境保护在一定程度上与经济发展、社会问题有着比较难以协调的冲突，因此，近年来，对于环境保护概念的理解也日趋新颖和合理。

　　环境保护必须考虑经济的增长和社会的发展。只有互相之间协调发展，才是新时代的环境保护新概念。

环境保护工作的好坏，直接与国家的安定有关，对保障社会劳动力再生产免遭破坏有着重要的意义。

知己知彼——环保小常识

"白色幽灵"——"白色污染"

白色污染是人们对难降解的塑料垃圾（多指塑料袋）污染环境现象的一种形象称谓。它是指用聚苯乙烯、聚丙烯、聚氯乙烯等高分子化合物制成的各类生活塑料制品使用后被弃置成为固体废物，由于随意乱丢乱扔，难于降解处理，以致造成城市环境严重污染的现象。

◆2010年3月21日，一男孩在混浊的Manila湾游泳，看着淤泥里的垃圾污染，这就是人们的造孽

白色污染简介

"白色污染"的主要成份：

聚乙烯：聚乙烯是乙烯经加工成聚合反应制得的一种热塑性树脂。根据聚合条件不同，可得到相对分子量从一万到几百万不等的聚乙烯。聚乙

◆一次性饭盒

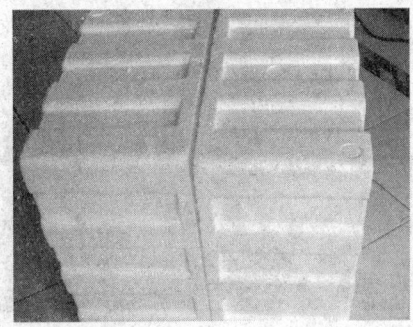
◆塑料泡沫

SHANDAI YU GONGCUN HEYI KENENG
善待与共存何以可能

烯是略带白色的颗粒或粉末，半透明状，无毒无味，化学稳定性好，能耐酸碱腐蚀。

> 环保宣传言：少用塑料袋，多用布袋和篮子，减少生活垃圾，让地球更加美丽！

聚丙烯：聚丙烯通常是半透明固体，无味无毒，机械强度比聚乙烯高，耐热性好。

聚氯乙烯：属热塑性树脂。无定型白色粉末，无固定熔点，具有较好的化学稳定性。

聚苯乙烯：无色无味透明树脂，透光性好。表面富有光泽，易燃，具有优良的防水性、耐腐蚀性、电绝缘性。

小贴士——白色污染的来源

◆农用地膜

◆石油资源

白色污染的主要来源有食品包装、泡沫塑料填充包装、快餐盒、农用地膜等。

白色污染是我国城市特有的环境污染，在各种公共场所到处都能看见大量废弃的塑料制品，他们从自然界而来，由人类制造，最终归结于大自然时却不易被自然所消纳，从而影响了大自然的生态环境。从节约资源的角度出发，由于塑料制品主要来源是面临枯竭的石油资源，应尽可能回收，面对日益严重的白色污染问题，人们希望寻找一种能替代现行塑料性能，又不造成白色污染的塑料替代品。例如淀粉填充塑料，首先其所含淀粉在短时间内被土壤中的微生物分泌的淀粉酶迅速分解而生成空洞，同时配方中添加自氧剂，与土壤中的金属盐反

知己知彼——环保小常识

HUANBAO DE GUOQU
XIANZAI YU WEILAI

◆白色污染正在吞蚀地球环境

◆这是塑料包装物长期在水中最终溶解成的黑色污染，对水质影响相当严重

应后生成过氧化物，使聚乙烯的链断裂而降解成易被微生物吞噬的小碎片，而被自然环境所消纳，同时起到改良土壤的作用。

白色污染现状

◆垃圾车正在倾倒垃圾

第一，侵占土地过多。塑料类垃圾在自然界停留的时间也很长，一般可达100～200年。

第二，污染空气。塑料、纸屑和粉尘随风飞扬。

第三，污染水体。河、海水面上漂着的塑料瓶和饭盒，水面上方树枝上挂着的塑料袋、面包纸等，不仅造成环境污染，而且如果动物误食了白色垃圾会伤及健康，甚至会因其绞在消化道中无法消化而活活饿死。

第四，火灾隐患。白色垃圾几乎都是可燃物，在天然堆放过程中会产

◆地球上顽固的白色垃圾

环保的过去、现在与未来

"科学就在你身边"系列

SHANDAI YU GONGCUN HEYI KENENG
善待与共存何以可能

生甲烷等可燃气，遇明火或自燃易引起的火灾事故不断发生，时常造成重大损失。

第五，白色垃圾可能成为有害生物的巢穴，它们能为老鼠、鸟类及蚊蝇提供食物、栖息和繁殖的场所，而其中的残留物也常常是传染疾病的根源。

◆垃圾桶内的白色污染

第六，废旧塑料包装物进入环境后，由于其很难降解，造成长期的、深层次的生态环境问题。

 动动手——白色污染的防治

环保的过去、现在与未来

◆垃圾处理厂

◆可降解塑料

国外防治"白色污染"的有关内容：1985年，美国人均消费塑料包装物就已达23.4千克。20世纪90年代，发达国家人均消费塑料包装物的数量更多。从消费量来看，似乎发达国家的"白色污染"应该很严重，实则不然。究其原因，一是发达国家很早就严抓市容管理，基本消除了"视觉污染"；二是发达国家生活垃圾无害化处置率较高。

我国防治"白色污染"的方法：

一是加强管理：禁止使用一次性难降解的塑料包装物；二是采用可降解塑料。在塑料包装制品的生产过程中加入一定量添加剂，使塑料包装物的稳定性下降，较容易在自然环境中降解。三是从法律上进行规定。通过相关法律，从2008年6月1日开始，到超市购物将不再免费提供塑料袋，要自己单独付费，这算是希望人们减少塑料袋的使用吧。

知己知彼——环保小常识

"红色幽灵"——赤潮

"赤潮",被喻为"红色幽灵",国际上也称其为"有害藻华",赤潮又称红潮,是海洋生态系统中的一种异常现象。它是由海藻家族中的赤潮藻在特定环境条件下爆发性地增殖造成的。海藻是一个庞大的家族,除了一些大型海藻外,很多都是非常微小的植物,有的是单细胞植物。根据引发赤潮的生物种类和数量的不同,海水有时也呈现黄、绿、褐等不同颜色。目前,世界上已有30多个国家和地区不同程度地受到过赤潮的危害。

◆赤潮

赤潮简介

赤潮是在特定环境条件下产生的,相关因素很多,但其中一个极其重要的因素是海洋污染。大量含有各种含氮有机物的废污水排入海水中,促使海水富营养化,这是赤潮藻类能够大量繁殖的重要物质基础,国内外大量研究表明,海洋浮游藻是引发赤潮的主要生物,在全

◆赤潮的来源——有害藻类

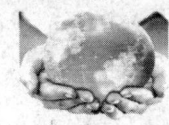

SHANDAI YU GONGCUN
HEYI KENENG

善待与共存何以可能

◆赤潮现象

世界4000多种海洋浮游藻中有260多种能形成赤潮，其中有70多种能产生毒素。他们分泌的毒素有些可直接导致海洋生物大量死亡，有些甚至可以通过食物链传递，造成人类食物中毒。赤潮是在特定的环境条件下，海水中某些浮游植物、原生动物或细菌爆发性增殖或高度聚集而引起水体变色的一种有害生态现象。

> 赤潮是一个历史沿用名，它并不一定都是红色，实际上是许多赤潮的统称。赤潮发生的原因、种类、和数量的不同，水体会呈现不同的颜色，有红颜色或砖红颜色、绿色、黄色、棕色等。

赤潮发生后，除海水变成红色外，一是大量赤潮生物集聚于鱼类的鳃部，使鱼类因缺氧而窒息死亡；二是赤潮生物死亡后，藻体在分解过程中大量消耗水中的溶解氧，导致鱼类及其它海洋生物因缺氧死亡，使海洋的正常生态系统遭到严重的破坏；三是鱼类吞食大量有毒藻类。同时海水的pH值也会升高，粘稠度增加，非赤潮藻类的浮游生物会死亡、衰减；赤潮藻也因爆发性增殖、过度聚集而大量死亡。

◆赤潮后的鱼鳃

环保的过去、现在与未来

知己知彼——环保小常识

 **万花筒——赤潮与历史记载**

赤潮是一种灾害性的水色异常现象。人类早就有相关记载，如《旧约·出埃及记》中就有关于赤潮的描述："河里的水，都变作血，河也腥臭了，埃及人就不能喝这里的水了"。赤潮发生时，海水变得黏黏的，还发出一股腥臭味，颜色大多都变成红色或近红色。据载，中国早在2000多年前就发现赤潮现象，一些古书文献里已有一些有关赤潮方面的记载。如清代的蒲松龄在《聊斋志异》中就形象地描述了与赤潮有关的发光现象。

◆黑毛藻

赤潮的危害

赤潮对海洋生态平衡的破坏：海洋是一种生物与环境、生物与生物之间相互依存，相互制约的复杂生态系统。系统中的物质循环、能量流动都是处于相对稳定，动态平衡的。当赤潮发生时这种平衡遭到干扰和破坏。这种环境因素的改变，致使一些海洋生物不能正常生长、发育、繁殖，导致一些生物逃避甚至死亡，破坏了原有的生态平衡。

◆生态平衡

赤潮对海洋渔业和水产资源的破坏：

1. 破坏渔场的饵料基础，造成渔业减产。

◆赤潮对渔业的影响

环保的过去、现在与未来

善待与共存何以可能

▲赤潮后的螃蟹

2. 赤潮生物的异常繁殖，可引起鱼、虾、贝等经济生物瓣机械堵塞，造成这些生物窒息而死。

3. 赤潮后期，赤潮生物大量死亡，在细菌分解作用下，可造成环境严重缺氧或者产生硫化氢等有害物质。赤潮对人类健康的危害：有些赤潮生物分泌赤潮毒素，当鱼、贝类处于有毒赤潮区域内，摄食这些有毒生物，如果不慎被人食用，就引起人体中毒。

 **小知识——人类活动与赤潮**

随着现代化工、农业生产的迅猛发展，沿海地区人口的增多，大量工农业废水和生活污水排入海洋，其中相当一部分未经处理就直接排入海洋，导致近海、港湾富营养化程度日趋严重。同时，由于沿海开发程度的增高和海水养殖业的扩大，也带来了海洋生态环境和养殖业自身污染问题；全球气候的变化也导致了赤潮的频繁发生。目前，赤潮已成为一种世界性的公害，美国、日本、中国、加拿大等30多个国家和地区赤潮发生都很频繁。

▲海洋污染

知己知彼——环保小常识

赤潮的防治

从现有条件看,一旦大面积赤潮出现后,还没有特别有效的方法加以制止,对于一些局部小范围防治赤潮的方法,虽实验过多种,但效果还不够理想。主要是利用化学药物(硫酸铜)杀灭赤潮生物,但效果欠佳,费用昂贵,经济效益和环境效益均不太好;有的采用网具捕捞赤潮生物,或采用隔离手段把养殖区保护起来;有的正在实验以虫治虫的办法,繁殖棱足类及二枚贝来捕食赤潮生物等等。这些方法均在实验中,还未取得较大的突破,从发展趋势看,生物控制法,即分离出对赤潮藻类合适的控制生物,以调节海水中的富营养化环境将是较好的选择。

◆硫酸铜晶体

◆海洋渔业

天堂的眼泪——酸雨

酸雨正式的名称是为酸性沉降，它可分为"湿沉降"与"干沉降"两大类，前者指的是所有气状污染物或粒状污染物，随着雨、雪、雾或雹等降水型态而落到地面者，后者则是指在不下雨的日子，从空中降下来的落尘所带的酸性物质而言。我国的酸雨主要是因大量燃烧含硫量高的煤而形成的，此外，各种机动车排放的尾气也是形成酸雨的重要原因。近年来，我国一些地区已经成为酸雨多发区，酸雨污染的范围和程度已经引起人们的密切关注。

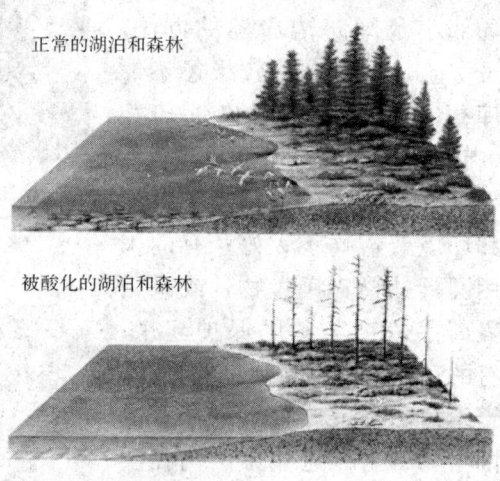

正常的湖泊和森林

被酸化的湖泊和森林

◆酸雨对湖泊的危害

酸雨简介

◆柠檬水

被大气中存在的酸性气体污染，pH小于5.65的酸性降水叫酸雨。酸雨主要是人为地向大气中排放大量酸性物质造成的。什么是酸？纯水是中性的，没有味道；柠檬水，橙汁有酸味，醋的酸味较大，它们都是弱酸；小苏打水有略涩的碱性，而苛性钠水

知己知彼——环保小常识

HUANBAO DE GUOQU
XIANZAI YU WEILAI

就涩涩的，碱味较大，苟性钠是碱，小苏打虽显碱性但属于盐类。科学家发现酸味大小与水溶液中氢离子浓度有关，然后建立了一个指标：氢离子浓度对数的负值，叫pH。于是，纯水（蒸馏水）的pH为7，酸性越大，pH越低；碱性越大，pH越高（pH一般为0～14之间）。未被污染的雨雪是中性的，pH近于7；当它为大气中二氧化碳饱和时，略呈酸性（水和二氧化碳结合为碳酸），pH为5.65。pH小于5.65的雨叫酸雨；pH小于5.65的雪叫酸雪；在高空或高山（如峨眉山）上弥漫的雾，pH值小于5.65时叫酸雾。检验水的酸碱度一般可以用几个工具：石蕊试剂/酚酞试液/pH试纸（精确率高，能检验pH）/pH计（能测出更精确的pH值）。

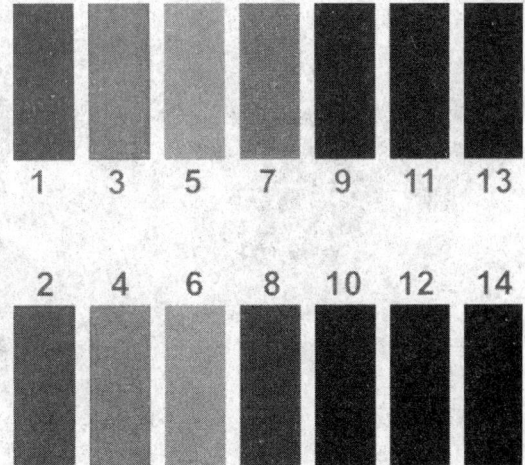

◆pH值比色卡

◆山顶云雾

环保的过去、现在与未来

广角镜——酸雨率与酸雨区

酸雨率：一年之内可降若干次雨，有的是酸雨，有的不是酸雨，因此一般称某地区的酸雨率为该地区酸雨次数除以降雨的总次数。其最低值为0%；最高值为100%。如果有降雪，当以降雨视之。所以酸雨率应以一个降水全过程为单位，即酸雨率为一年出现酸雨的降水过程次数除以全年降水过程的总次数。酸雨

SHANDAI YU GONGCUN
HEYI KENENG

善待与共存何以可能

◆我国酸雨分布

◆窗户上的雨滴

区：某地收集到酸雨样品，还不能算是酸雨区，要看年均值。一般认为：年均降水 pH 高于 5.65，酸雨率是 0～20%，为非酸雨区；pH 在 5.30～5.60 之间，酸雨率是 10%～40%，为轻酸雨区；pH 在 5.00～5.30 之间，酸雨率是 30%～60%，为中度酸雨区；pH 小于 4.70，酸雨率是 70%～100%，为重酸雨区。这就是所谓的五级标准。

环保的过去、现在与未来

酸雨的危害

◆被酸雨腐蚀的雕像

硫和氮是营养元素。弱酸性降水可溶解地面中矿物质，供植物吸收。如酸度过高，pH 值降到 5.6 以下时，就会产生严重危害。它可以直接使大片森林死亡，农作物枯萎；也会抑制土壤中有机物的分解和氮的固定，淋洗与土壤离子结合的钙、镁、钾等营养元素，使土壤贫瘠化；还可使湖泊、河流酸化，并溶解土壤和水体底泥中的重金属进入水中，毒害鱼类；加速建筑物和文物古迹的腐蚀和风化过程；可能危及人体健康。

受到最大危害的是那些缓冲能力很差的湖泊。当有天然碱性缓冲剂存在时，酸雨中的酸性化合物（主要是硫酸、硝

知己知彼——环保小常识

酸和少量有机酸）就会被中和。然而，处于花岗岩（酸性）地层上的湖泊容易受到直接危害，因为雨水中的酸能溶解铝和锰这些金属离子。这能引起植物和藻类生长量的减少，而且在某些湖泊中，还会引起鱼类种群的衰败或消失。由这种污染形式引起的对植物的危害范围，包括从对叶片的有害影响直到细根系的破坏。

◆酸雨导致珊瑚礁退色即"白化事件"

 轻松一刻

自由女神化妆

酸雨同样也腐蚀金属文物古迹。例如，著名的美国纽约港自由女神像，钢筋混凝土外包的薄铜片因酸雨而变得疏松，一触即掉（而在1932年检查时还是完好的），因此不得不进行大修（已于1986年女神像建立100周年时修复完毕）。

 **万花筒——酸雨事例**

◆成群的死鱼

案例：在加拿大，酸雨毁灭了1.4万多个湖泊，另有4000多个湖泊也濒临"死亡"。欧洲有数千个美丽的湖泊已毫无生气，听不到蛙声，见不到鱼跃。美国酸化的水域现达3.6万平方公里，在28个州17054个湖泊中，有9400个受到酸雨影响，水质变坏。纽约州北部阿迪达克山区，1930年只有4%的湖泊没有鱼，而目前半数以上的湖水pH在5以下，90%没有鱼，听不

环保的过去、现在与未来

到蛙声,"死"一般寂静。

酸雨的治理措施

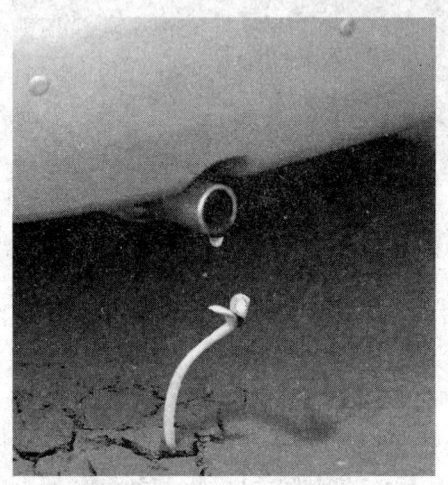
◆节能减排

◆风力发电

1. 减少 SO_2 和 NO_x 的排放量；2. 加强监督管理，实施清洁生产，可持续发展；3. 合理的工业布局、城市规划；4. 使用低硫煤、节约用煤、型煤固硫（所谓型煤固硫，就是在型煤加工时加入固硫剂，煤在燃烧时不排出 SO_2，从而实现燃煤固硫，固硫率可达 50％左右）；5. 增加无污染或少污染的能源比例；6. 控制汽车尾气的排放，大力发展公共交通，使用无铅汽油，安装尾气净化器及节能装置，使用"绿色汽车"等；7. 扩大绿化面积；8. 公众参与有利于防治酸雨。

原理介绍——酸雨的生物防治

酸雨的危害已引起世界各国的普遍关注。专家们认为：利用生物技术治理环境具有巨大的潜力。生物学家利用微生物脱硫，将 2 价铁变成 3 价铁，把单体硫变成硫酸，取得了很好效果。例如，日本中央电力研究所从土壤中分离出一种硫杆菌，它是一种铁氧化细菌，能有效地去除煤中的无机硫。目前，科学家已发

知己知彼——环保小常识

HUANBAO DE GUOQU
XIANZAI YU WEILAI

现能脱去黄铁矿中硫的微生物还有氧化亚铁硫杆菌和氧化硫杆菌等。生物技术脱硫符合"源头治理"和"清洁生产"的原则，因而是一种极有发展前途的治理方法，越来越受到世界各国的重视。

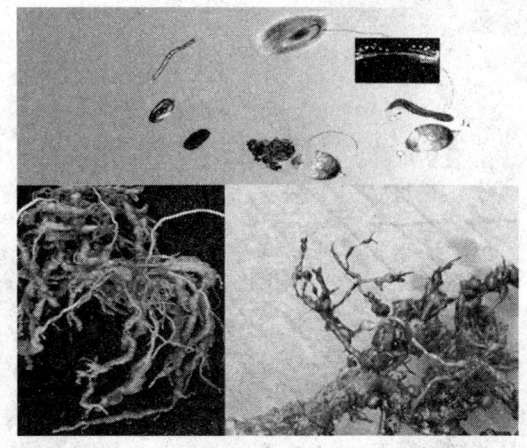

◆微生物

环保的过去、现在与未来

SHANDAI YU GONGCUN
HEYI KENENG
善待与共存何以可能

"地球的癌症"——荒漠化

荒漠化（即沙漠化）：指在脆弱的生态系统下，由于人为过度的经济活动，破坏其平衡，使原非沙漠的地区出现了类似沙漠景观的环境变化过程。正因为如此，凡是具有发生沙漠化过程的土地都称之为沙漠化土地。沙漠化土地还包括了沙漠边缘风力作用下沙丘前移入

◆正在荒漠化的土地边缘

侵的地方和原来的固定、半固定沙丘由于植被破坏发生流沙活动的沙丘活化地区。

荒漠化简介

◆2010年3月，云南省文山州广南县珠琳镇，库容量原达到100万方的松树坡小型水库已经几乎干涸，一名农户在库底汲取仅剩的一点塘水

从世界范围来看，在1994年通过的《联合国关于在发生严重干旱和/或荒漠化的国家特别是在非洲防治荒漠化的公约》中，荒漠化是指包括气候变异和人类活动在内的种种因素造成的干旱、半干旱和亚湿润干旱地区的土地退化。该定义明确了3个问题：1."荒漠化"是在包括气候变异和人类活动在内的多种因素的作用下产生

知己知彼——环保小常识

HUANBAO DE GUOQU
XIANZAI YU WEILAI

和发展的；2."荒漠化"发生在干旱、半干旱及亚湿润干旱区，这就给出了荒漠化产生的背景条件和分布范围；3."荒漠化"是发生在干旱、半干旱及亚湿润干旱区的土地退化，将荒漠化置于宽广的全球土地退化的框架内，从而界定了其区域范围。20世纪70年代初，非洲西部撒哈拉地区连年

◆撒哈拉大沙漠

严重干旱，造成空前灾难，使国际社会密切关注全球干旱地区的土地退化。"荒漠化"名词于是开始流传开来。

 知识广播——关于荒漠化含义的理解误区

什么叫荒漠化？过去我们常理解为"沙漠不断扩大，把沙漠里的沙子扩散到越来越广的肥沃土地上去"，这是不准确的。1992年世界环境与发展大会上通过的定义是"包括气候和人类活动在内种种因素造成的干旱、半干旱和亚湿润地区的土地退化"。也就是由于大风吹蚀，流水侵蚀，土壤盐渍化等造成的土壤生产力下降或丧失，都称为荒漠化。

◆被称为"沙漠方舟"的骆驼

我国荒漠化形势

我国荒漠化形势十分严峻。根据1998年国家林业局防治荒漠化办公室

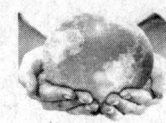

SHANDAI YU GONGCUN HEYI KENENG
善待与共存何以可能

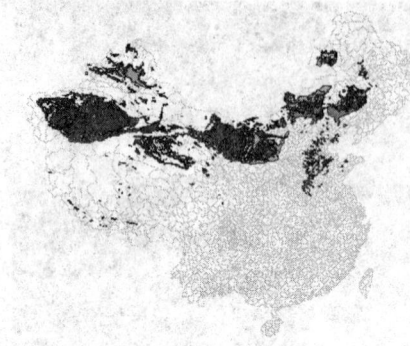

◆中国沙漠分布图

等政府部门发表的材料指出，我国是世界上荒漠化严重的国家之一。根据全国沙漠、戈壁和沙化土地普查及荒漠化调研结果表明，我国荒漠化土地面积为262.2万平方公里，占国土面积的27.4%，近4亿人口受到荒漠化的影响。据中、美、加国际合作项目研究，中国因荒漠化造成的直接经济损失约为541亿人民币。

土地的沙化给大风起沙制造了物质源泉。因此我国北方地区沙尘暴越来越频繁，范围广。根据对我国17个典型沙区分析，也证明了我国荒漠化发展形势十分严峻。甘肃民勤绿洲的萎缩，新疆塔里木河下游胡杨林和红柳林的消亡，甘肃阿拉善地区草场退化、梭梭林消失……一系列严峻的事实，都向我们敲响了警钟。土地荒漠化最终结果大多是沙漠化。

◆2007年7月5日地处甘蒙省界的内蒙古阿拉善右旗突遭沙尘暴袭击

环保的过去、现在与未来

 **小知识——荒漠化的两种类型（按气候区分类）**

一、热带荒漠：成因　位于热带沙漠气候区。受副热带高压控制，盛行下沉气流，降水少。

二、温带荒漠：成因　位于温带大陆性气候区，深居内陆距海远，海洋水汽难以到达。以上皆为一般情况下的成因，也有例外的，如巴塔哥尼亚高原的荒漠化，是由于其位于西风带的背风坡而形成的。

◆巴塔哥尼亚高原的荒漠化过程

知己知彼——环保小常识

我国荒漠化类型

我国有 4 种类型的荒漠化土地：

1. 风蚀荒漠化：我国风蚀荒漠化土地面积 160.7 万平方公里，主要分布在干旱、半干旱地区，在各类型荒漠化土地中是面积最大、分布最广的一种。其中，干旱地区约有 87.6 万平方公里，大体分布在内蒙古狼山以西，腾格里沙漠和龙首山以北部。半干旱地区约有 49.2 万平方公里，大体分布在内蒙古狼山以东向南，呈连续大片分布。亚湿润干旱地区约 23.9 万平方公里，主要分布在毛乌素沙漠东部至内蒙古东部和东经 106 度。

◆腾格里沙漠

2. 水蚀荒漠化：我国水蚀荒漠化总面积为 20.5 万平方公里，占荒漠化土地总面积的 7.8％。主要分布在黄土高原北部的无定河、窟野河、秃尾河等流域。

◆毛乌素沙漠

3. 冻融荒漠化：我国冻融荒漠化地的面积共 36.6 万平方公里，占荒漠化土地总面积的 13.8％。冻融荒漠化土地主要

◆黄土高原

SHANDAI YU GONGCUN HEYI KENENG
善待与共存何以可能

◆2009年3月拍摄的玻利维亚奥鲁罗省的盐平原

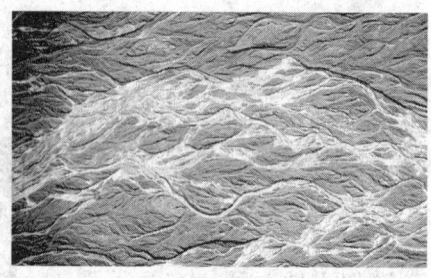

◆塔里木盆地的戈壁

分布在青藏高原的高海拔地区。

4. 土壤盐渍化：我国盐渍化土地总面积为23.3万平方公里。土壤盐渍化比较集中连片分布的地区有柴达木盆地、塔里木盆地周边绿洲以及天山北麓山前冲积平原地带、河套平原、银川平原、华北平原及黄河三角洲。

动手做一做——解决措施（一般方法）

◆植树造林

①保护现有植被，加强林草建设。在强化治理的同时，切实解决好人口、牲口、灶口问题，严格保护沙区林草植被。通过植树造林、乔灌草的合理配置，建设多林种、多树种、多层次的立体防护体系，扩大林草比重。

②在荒漠化地区开展持久的生态革命，以加速荒漠化过程逆转。关键是合理调配水资源，保障生态用水。

③严格执行计划生育政策，控制人口的过速增长，不断提高人口素质。通过开展环保意识的宣传教育，提高全民族的思想认识水平。

④扭转靠天养畜的落后局面，减轻对草场的破坏。

知己知彼——环保小常识

◆草原放牧

◆草原风力发电

⑤加快产业结构调整，按照市场要求合理配置农、林、牧、副各业比例，积极发展养殖业、加工业，分流农村剩余劳动力，减轻人口对土地的压力。

⑥优化农牧区能源结构，大力倡导和鼓励人民群众利用非常规能源，如风能、光能、沼气等能源，以减轻对林、草地等资源的破坏。

⑦做好国际履约工作的同时，加强防治荒漠化的国际交流与合作，争取资金与外援。

环保的过去、现在与未来

善待与共存何以可能

动植物的乐园——湿地

湿地狭义定义：美国鱼类和野生生物保护机构于 1979 年在"美国的湿地深水栖息地的分类"一文中，重新给湿地作定义为："陆地和水域的交汇处，水位接近或处于地表面，或有浅层积水，至少有一至几个以下特征：（1）至少周期性地以水生植物为植物优势种；（2）底层土主要是湿土；（3）在每年的生长季节，底层有时被水淹没。"定义还指湖泊与湿地以低水位时水深 2 米处为界，按照这个湿地定义，世界湿地可以分成二十多个类型，这个定义目前被许多国家的湿地研究者接受。

◆香港湿地公园

湿地简介

◆ "地球之肾"

湿地这一概念在狭义上一般被认为是陆地与水域之间的过渡地带；广义上则被定义为"包括沼泽、滩地、低潮时水深不超过 6 米的浅海区、河流、湖泊、水库、稻田等"。《国际湿地公约》对湿地的定义是广义定义。按照广义定义湿地覆盖地球表面仅有 6%，却为地球上 20% 的已知物种提供了生存环境，具有不可替代的生态功能，因此享有

知己知彼——环保小常识

"地球之肾"的美誉。

地球上有三大生态系统，即：森林、海洋、湿地。"湿地"，泛指暂时或长期覆盖水深不超过 2 米的低地、土壤充水较多的草甸、以及低潮时水深不超过 6 米的沿海地区。

湿地是位于陆生生态系统和水生生态系统之间的过渡性地带，在土壤浸泡在水中的特定环境下，生长着很多湿地的特征植物。湿地广泛分布于世界各地，拥有众多野生动植物资源，是重要的生态系统。很多珍稀水禽的繁殖和迁徙离不开湿地，因此湿地被称为"鸟类的乐园"。

◆ 湿地环境

◆ "鸟类的乐园"

知识库　我国湿地状况

中国湿地面积占世界湿地的 10%，位居亚洲第一位，世界第四位。在中国境内，从寒温带到热带、从沿海到内陆、从平原到高原山区都有湿地分布，一个地区内常常有多种湿地类型，一种湿地类型又常常分布于多个地区。

中国 1992 年加入《湿地公约》，截至 2009 年 2 月 25 日列入国际重要湿地名录的湿地已达 36 处。其实中国独特的湿地何止 36 处，许多湿地因为养在深闺无人识，至今仍无人问津。

知识书屋——湿地分类

湿地基本分五大类：

SHANDAI YU GONGCUN HEYI KENENG
善待与共存何以可能

环保的过去、现在与未来

◆海洋草甸

◆三角洲地区

◆水稻田

1. 海域 潮下海域：低潮时水深不足6米的永久性无植物生长的浅水水域，包括海湾和海峡；潮下水生植被层，包括各种海草和热带海洋草甸；珊瑚礁。潮间海域：多岩石的海滩，包括礁崖和岩滩；碎石海滩；潮间无植被的泥沙和盐碱滩；潮间有植被的沉积滩，包括大陆架上的红树林。

2. 河口 潮下河口：河口水域即河口永久性水域和三角洲河口系统。潮间河口：具有稀疏植物的潮间泥、沙或盐碱滩；潮间沼泽包括盐碱草甸、潮汐半盐水沼泽和淡水沼泽；潮间有林湿地包括红树林、聂帕桐和潮汐淡水沼泽林。

3. 河流 永久性的河流：永久性的河流和溪流，包括瀑布；内陆三角洲。暂时性的河流：季节性和间歇性流动的河流和溪流；河流洪泛平原，包括河滩，洪泛河谷和季节性泛洪草地。

4. 湖泊 永久性的湖泊：永久性的淡水湖（8平方公里以上），包括遭季节性或间歇性淹没的湖滨；永久性的淡水池塘（8平方公里以上）。季节性的湖泊：季节性淡水湖（8平方公里以上），包括洪泛平原湖。

5. 人工水面：如水库、池塘、水稻田等属于广义湿地，得到湿地公约的认可。

知己知彼——环保小常识

湿地功能

◆2009年12月29日航拍的马来西亚吉兰丹的一个村庄,洪水围困了一块高地上的汽车和牛

◆湿地动物

湿地的功能是多方面的,它可作为直接利用的水源或补充地下水,又能有效控制洪水和防止土壤沙化,还能滞留沉积物、有毒物、营养物质,从而改善环境污染;它能以有机质的形式储存碳元素,减少温室效应,保护海岸不受风浪侵蚀,提供清洁方便的运输方式……它因有如此众多而有益的功能而被人们称为"地球之肾"。湿地还是众多植物、动物特别是水禽生长的乐园,同时又向人类提供食物(水产品、禽畜产品、谷物)、能源(水能、泥炭、薪柴)、原材料(芦苇、木材、药用植物)和旅游场所,是人类赖以生存和持续发展的重要基础。

◆天津七里海河蟹养殖

湿地具有强大的物质生产功能,它蕴藏着丰富的动植物资源。七里海

SHANDAI YU GONGCUN
HEYI KENENG
善待与共存何以可能

沼泽湿地是天津沿海地区的重要饵料基地和初级生产力来源。据初步调查，七里海在20世纪70年代以前，水生、湿生植物群落100多种，其中具有生态价值的约40种。哺乳动物约10种，鱼蟹类30余种。芦苇作为七里海湿地最典型的植物，苇地面积达71.86平方公里，具有很高的经济价值和生态价值，不仅是重要的造纸工业原料，又是农业、盐业、渔业、养殖业、编织业的重要生产资料，还能起到防风抗洪、改善环境、改良土壤、净化水质、防治污染、调节生态平衡的作用。另外，七里海可利用水面达10000亩，年产河蟹2000吨，是著名的七里海河蟹的产地。

**知识广播——湿地的人为破坏**

环保的过去、现在与未来

◆围海造田

近几百年来，湿地遭到了严重破坏。虽说湿地干涸是自然进程的必然结果，但当前不少湿地的迅速消灭与人类不合理的经济活动有重大联系：（1）土壤破坏是破坏湿地的一大因素。人类不合理使用土地，导致了土壤的酸化与其他形式的污染；（2）环境破坏。比如水污染、空气污染；（3）围湖、围海造田。这一类经济活动会直接地减少湿地面积。比如我国洞庭湖；（4）河流改道。这一类工程影响了河流对湿地的水量补给作用。比如我国的一些河流截弯取直工程，就破坏了一些湖泊。

国际湿地保护组织

湿地国际；湿地科学家学会；国际鸟类保护理事会；国际水禽湿地调查局；国家林业局湿地保护管理中心……

知己知彼——环保小常识

绿意盎然——绿色食品

第二次世界大战以后，欧美和日本等发达国家在工业现代化的基础上，先后实现了农业现代化。但是农业现代化以后出现了严重问题，随着农用化学物质源源不断地、大量地向农田中输入，造成有害化学物质通过土壤和水体在生物体内富集，导致食物污染，最终损害人体健康。绿色食品在中国是对无污染的安

◆天然毛栗子

全、优质、营养类食品的总称，是指按特定生产方式生产，并经国家有关的专门机构认定，准许使用绿色食品标志的无污染、无公害、安全、优质、营养型的食品。

绿色食品简介

1962年，美国的雷切尔·卡逊女士以密歇根州东兰辛市为消灭伤害榆树的甲虫所采取的措施为例，披露了杀虫剂DDT危害其他生物的种种情况。该市大量用DDT喷洒树木，树叶在秋天落在地上，蠕虫吃了树叶，大地回春后知更鸟吃了蠕虫，一周后全市的知更鸟几乎全部死亡。卡逊女士在《寂静的春天》一书中写道："全世界广泛遭受治虫药物的污染，

◆绿色食品标志

SHANDAI YU GONGCUN
HEYI KENENG

善待与共存何以可能

化学药品已经侵入万物赖以生存的水中,渗入土壤,并且在植物上布成一层有害的薄膜,已经对人体产生严重的危害。除此之外,还有可怕的后遗祸患,可能几年内无法查出,甚至可能对遗传有影响,几个世代都无法察觉。"卡逊女士的论断无疑给全世界敲响了警钟。

自1992年联合国在里约热内卢召开的环境与发展大会后,许多国家从农业着手,积极探索农业可持续发展的模式,以减缓石油农业给环境和资源造成的严重压力。欧洲、美国、日本和澳大利亚等发达国家和一些发展中国家纷纷加快了生态农业的研究。在这种国际背景下,我国决定开发无污染、安全、优质的营养食品,并且将它们定名为"绿色食品"。

◆绿色食品证书

◆茶农采摘茶叶

绿色食品的标志为绿色正圆形图案,上方为太阳,下方为叶片与蓓蕾,标志的寓意为保护。由于在国际上,对于保护环境和与之相关的事业已经习惯冠以"绿色"的字样,所以,为了突出这类食品产自良好的生态环境和严格的加工程序,在中国,统一被称作"绿色食品"。

绿色食品标准

绿色食品标准是由农业部发布的推荐性农业行业标准(NY/T),是绿色食品生产企业必须遵照执行的标准。绿色食品标准分为两个技术等级,即AA级绿色食品标准和A级绿色食品标准。

知己知彼——环保小常识

绿色食品标准以"从土地到餐桌"全程质量控制理念为核心，由以下 4 个部分构成：绿色食品产地环境标准；绿色食品生产技术标准；绿色食品产品标准；绿色食品包装、贮藏运输标准。

AA 级绿色审批系指在生态环境质量符合规定标准的产地，生产

◆AA 级绿色食品

过程中不使用任何有害化学合成物质，按特定的生产操作规程生产、加工，产品质量及包装经检测、检查符合特定标准，并经专门机构认定，许可使用 AA 级绿色审批标志的产品。

A 级绿色食品系指在生态环境质量符合规定的产地，生产过程中允许限量使用限定的化学合成物质，按特定的生产操作规程生产、加工，产品质量及包装经检测、检查符合特定标志，并经专门机构认定，许可使用 A 级绿色食品标志的产品。A 级绿色食品在生产过程中允许限量使用限定的化学合成物质。

◆A 级绿色食品

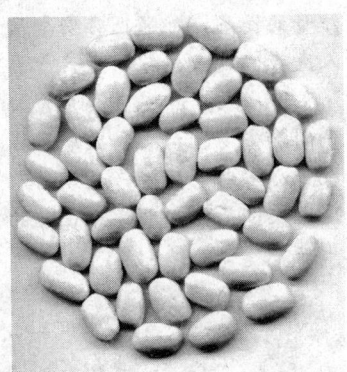
◆A 级绿色食品——白芸豆

知识广播——无公害农产品产地环境要求

《农产品安全质量》产地环境要求分为以下部分：

SHANDAI YU GONGCUN
HEYI KENENG

善待与共存何以可能

◆农业用水

◆家禽防疫工作

1.《农产品安全质量无公害蔬菜产地环境要求》：该标准对影响无公害蔬菜生产的水、空气、土壤等环境条件按照现行国家标准的有关要求，结合无公害蔬菜生产的实际做出了规定，为无公害蔬菜产地的选择提供了环境质量依据。

2.《农产品安全质量无公害畜禽肉产地环境要求》：该标准对影响畜禽生产的养殖场、屠宰和畜禽类产品加工厂的选址和设施，生产的畜禽饮用水、环境空气质量、畜禽场空气环境质量及加工厂水质指标及相应的试验方法，防疫制度及消毒措施按照现行标准的有关要求，结合无公害畜禽生产的实际做出了规定。从而促进我国畜禽产品质量的提高，加强产品安全质量管理，规范市场，促进农产品贸易的发展，保障人民身体健康，维护生产者、经营者和消费者的合法权益。

3.《农产品安全质量无公害水产品产地环境要求》：该标准对影响水产品生产的养殖场、水质和底质的指标及相应的试验方法按照现行标准的有关要求，结合无公害水产品生产的实际做出了规定。从而规范我国无公害水产品的生产环境，保证无公害水产品正常的生长和水产品的安全质量，促进我国无公害水产品生产。

◆规范市场

◆食品安全质量检测

知己知彼——环保小常识

HUANBAO DE GUOQU XIANZAI YU WEILAI

看不见的羽绒服
——温室效应

温室效应,又称"花房效应",是大气保温效应的俗称。大气能使太阳短波辐射到达地面,但地表向外放出的长波热辐射线却被大气吸收,这样就使地表与低层大气温度增高,因其作用类似于栽培农作物的温室,故名温室效应。自工业革命以来,人类向大气中排入的二氧化碳等吸热

◆温室效应公益广告

性强的温室气体逐年增加,大气的温室效应也随之增强,已引发全球气候变暖等一系列严重问题,引起了全世界各国的关注。

温室效应简介

由环境污染引起的温室效应是指地球表面变热的现象。温室效应主要是由于现代化工业社会过多燃烧煤炭、石油和天然气,这些燃料燃烧后放出大量的二氧化碳气体进入大气造成的。二氧化碳气体具有吸热和隔热的功能。

◆温室效应使得北极冰原面积剧减过程

它在大气中增多的结果是形成一种无形的玻璃罩,使太阳辐射到地球上的热量无法向外层空间发散,其结果是地球表面变热起来。因此,二氧化碳也被称为温室气体。

环保的过去、现在与未来

"科学就在你身边"系列

SHANDAI YU GONGCUN
HEYI KENENG

善待与共存何以可能

温室气体有效地吸收地球表面、大气本身相同气体和云所发射出的红外辐射。这被称为"自然温室效应"。在对流层中,温度一般随高度的增加而降低。温室气体浓度的增加导致大气对红外辐射不透明性能力的增强,从而引起由温度较低、高度较高处向空间有效辐射。这就是"增强的温室效应"。如果大气不存在这种效应,那么地表温度将会下降约3度或更多。反之,若温室效应不断加强,全球温度也必将逐年持续升高。

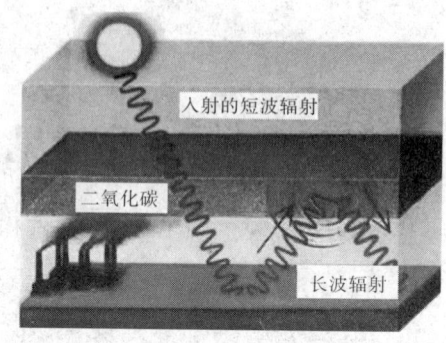

◆温室效应示意图

◆温室效应漫画

◆冰冻的大山

环保的过去、现在与未来

生活小观察——温室效应的特点

◆花房效应

温室有两个特点:温度较室外高,不散热。生活中我们可以见到的玻璃花房和蔬菜大棚就是典型的温室。使用玻璃或透明塑料薄膜来做温室,是让太阳光能够直接照射进温室,加热室内空气,而玻璃或透明塑料薄膜又可以不让室内的热空气向外散发,使室内的温度保持高于外界的状态,以提供有利于植物快速生长的条件。

知己知彼——环保小常识

温室效应由来

温室效应是指透射阳光的密闭空间由于与外界缺乏热交换而形成的保温效应，就是太阳短波辐射可以透过大气射入地面，而地面增暖后放出的长波辐射却被大气中的二氧化碳等物质所吸收，从而产生大气变暖的效应。大气中的二氧化碳就像一层厚厚的玻璃，使地球变成了一个大暖房。

◆玻璃房中的地球

大气能使太阳短波辐射到达地面，但地表向外放出的长波热辐射，天然气燃烧产生的二氧化碳，远远超过了过去的水平。而另一方面，由于对森林乱砍乱伐，大量农田建成城市和工厂，破坏了植被，

◆工厂排放废气

减少了将二氧化碳转化为有机物的条件。空气中二氧化碳含量的增长，就使地球气温发生了改变。但是有乐观派科学家认为，最近地球处于活跃状态，诸如喀拉喀托火山和圣海伦斯火山接连大爆发就是例证。所以温室效应并不全是人类的过错。这种看法有一定道理，但是无法解释工业革命之后二氧化碳含量的直线上升，难道全是火山喷出的吗？

◆乱砍乱伐

◆火山风景

SHANDAI YU GONGCUN
HEYI KENENG

善待与共存何以可能

拓展小知识——温室效应也是一把双刃剑

◆温室效应可能使得粮食大丰收

温室效应也并非全是坏事。因为最寒冷的高纬度地区增温最大，因而农业区将向极地大幅度推进。二氧化碳增加也有利于植物光合作用而直接提高有机物产量。还有论文指出，在我国和世界历史时期中温暖期多是降水较多、干旱区退缩的繁荣时期等等。

温室效应后果

全球变暖：温室气体浓度的增加会减少红外线辐射放射到太空外，地球的气候因此需要转变来使吸取和释放辐射的份量达至新的平衡。这转变可包括'全球性'的地球表

◆地球变暖

面及大气低层变暖，因为这样可以将过剩的辐射排放出外。虽然如此，地球表面温度的少许上升可能会引发其他的变动，例如：大气层云量及环流的转变。当中某些转变可使地面变暖加剧（正反馈），某些则可令变暖过程减慢（负反馈）。

地球上的病虫害增加：温室效应可使史前致命病毒威胁人类。美国科学家近日发出警告，由于全球气温上

◆利用3D成像扫描技术，还原了3亿年前史前蜘蛛的真实面貌

环保的过去、现在与未来

知己知彼——环保小常识

升令北极冰层溶化，被冰封十几万年的史前致命病毒可能会重见天日，导致全球陷入疫症恐慌，人类生命受到严重威胁。

海平面上升：假若'全球变暖'正在发生，有两种过程会导致海平面升高。第一种是海水受热膨胀令水平面上升。第二种是冰川和格陵兰及南极洲上的冰块溶解使海洋水份增加。预期由1900年至2100年地球的平均海平面上升幅度介乎0.09米至0.88米之间。

◆海洋风暴

赶快动起来——温室效应对策

● 气候反常，海洋风暴增多
● 土地干旱，沙漠化面积增大

一、全面禁用氟氯碳化物：实际上全球正在朝此方向推动努力，是以此案最具实现可能性。

二、保护森林的对策方案：有效的应对对策，便是赶快停止这种毫无节制的森林破坏；另一方面实施大规模的造林工作，努力促进森林再生。

三、汽车使用燃料状况的改善：由于此项努力所导致的化石燃料消费削减，估计到了2050年，可使温室效应降低5%左右。

◆汽车排放

四、改善其他各种场合的能源使用效率：对于提升能源使用效率方面，仍然具有大幅改善余地，这对2050年为止的地球温暖化，预计可以达到8%左右的抑制效果。

五、对化石燃料的生产与消费，依比例课税：如此一来，或许可以促使生产

SHANDAI YU GONGCUN HEYI KENENG
善待与共存何以可能

◆鼓励太阳能发电

◆秸秆煤炭

厂商及消费者在使用能源时有所警惕，避免作出无谓的浪费。

六、鼓励使用天然瓦斯作为当前的主要能源，因为天然瓦斯较少排放二氧化碳。

七、汽机车的排气限制：由于汽机车的排气中，含有大量的氮氧化物与一氧化碳，因此希望减少其排放量。

八、鼓励使用太阳能：能使化石燃料用量相对减少，因此对于降低温室效应具备直接效果。

九、开发替代能源：利用生物能源作为新的干净能源。

十、彻底、简单、最佳方案：地球表面的碳循环。

环保的过去、现在与未来

知己知彼——环保小常识

流血的富——富营养化水体

水体富营养化：水体富营养化过程与氮、磷的含量及氮磷含量的比率密切相关。反映营养盐水平的指标总氮、总磷，反映生物类别及数量的指标叶绿素a和反映水中悬浮物及胶体物质多少的指标透明度作为控制湖泊富营养化的一组指标。经济合作与发展组织提出富营养湖的几项指标量为：平均总磷浓度大于0.035毫克/升；平均叶绿素浓度大于0.008毫克/升；平均透明度小于3米。

◆富营养化

富营养化简介

富营养化是一种氮、磷等植物营养物质含量过多所引起的水质污染现象。在自然条件下，随着河流夹带冲击物和水生生物残骸在湖底的不断沉降淤积，湖泊会从平营养湖过渡为富营养湖，进而演变为沼泽和陆地，这是一种极为缓慢的过程。但由于人类的活动，将大量工业废水和生活污水以及农田径流中的植物营养物质排入湖泊、水库、河口、海湾等缓流水体后，水生生物特别是藻类将大量繁殖，使生物量的种群种类数量发生改

◆变异的立鱼

环保的过去、现在与未来

SHANDAI YU GONGCUN HEYI KENENG
善待与共存何以可能

◆蓝藻

变，破坏了水体的生态平衡。大量死亡的水生生物沉积到湖底，被微生物分解，消耗大量的溶解氧，使水体溶解氧含量急剧降低，水质恶化，以致影响到鱼类的生存，大大加速了水体的富营养化过程。水体出现富营养化现象时，由于浮游生物大量繁殖，往往使水体呈现蓝色、红色、棕色、乳白色等，这种现象在江河湖泊中叫水华（水花），在海中叫赤潮。在发生赤潮的水域里，一些浮游生物暴发性繁殖，使水变成红色，因此叫"赤潮"。这些藻类有恶臭、有毒，鱼不能食用。藻类遮蔽阳光，使水底生植物因光合作用受到阻碍而死去，腐败后放出氮、磷等植物的营养物质，再供藻类利用。这样年深月久，造成恶性循环，藻类大量繁殖，水质恶化而有腥臭，水中缺氧，造成鱼类窒息死亡。

社会广角镜——富营养化的案例

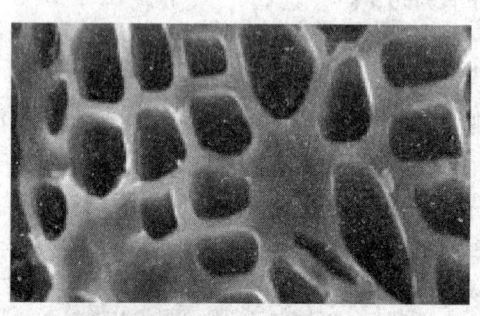

◆活性炭

1. 我国的武汉东湖、杭州西湖、南京玄武湖、济南大明湖、抚顺的大伙房水库，都曾受到富营养作用的影响。近年来，我国沿海的赤潮也时有发生，如1989年8～9月，河北黄骅县到天津塘沽百余里的沿海出现世界上罕见的大规模赤潮，使养虾业遭到严重损失。

2. 近年来，随着太湖周边地区排污量的增加，水体富营养化日趋严重，严重时造成绿色藻细胞覆盖整个水体，水厂停水，水乡居民喝污水的现象，同时，水中的有机物和氨氮含量严重超标，由于常规饮用水处理工艺本身存在着对有机物微污染、氨氮等无法完全有效地去除的弱点。臭氧生物活性炭技术水处理工艺，采用臭氧氧化和生物活性炭滤池联用将臭氧化学氧化；活性炭物理化学吸附，生物氧化降解等技术联用，去除了原

知己知彼——环保小常识

◆赤潮

◆阳光穿透水层

水中微量有机物和氯消毒剂的副产物等有机指标，提高了饮用水的安全性。

富营养化危害

水体富营养化的危害主要表现在3个方面。

1. 富营养化造成水的透明度降低，阳光难以穿透水层，从而影响水中植物的光合作用和氧气的释放，同时浮游生物的大量繁殖，消耗了水中大量的氧，使水中溶解氧严重不足，而水面植物的光合作用，则可能造成局部溶解氧的过饱和。溶解氧过饱和以及水中溶解氧少，都对水生动物（主要是鱼类）有害，造成鱼类大量死亡。

2. 富营养化水体底层堆积的有机物质在厌氧条件下分解产生的有害气体，以及一些浮游生物产生的生物毒素（如石房蛤毒素）也会伤害水生

◆石房蛤毒素的发现

◆富营养化对生物多样性的破坏

善待与共存何以可能

动物。

3. 富营养化水中含有亚硝酸盐和硝酸盐，人畜长期饮用这些物质含量超过一定标准的水，会中毒致病等等。

水体富营养化，常导致水生生态系统紊乱，水生生物种类减少，多样性受到破坏。昆明滇池水质在20世纪50年代处于贫营养状态，到80年代则处于富营养化状态，大型水生植物种数由20世纪50年代的44种降至20种，浮游植物属数由87属降至45属，土著鱼种数由15种降至4种。此外，由于藻类带有明显的鱼腥味，从而影响饮用水质。而藻类产生的毒素则会危害人类和动物的健康。

小知识库——富营养化的预防和我国现状

◆疏浚底泥

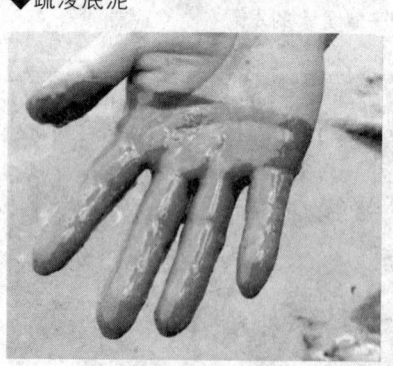

◆武汉东湖官桥湖暴发蓝藻水华

防止富营养化，首先应控制营养物质进入水体。治理富营养化水体，可采取疏浚底泥，去除水草和藻类，引入低营养水稀释和实行人工曝气等措施。还有生物防治，如引入大型挺水植物与藻类竞争、养殖捕食藻类的鱼等抑制藻类繁殖生长。

我国湖泊、水库和江河富营养化的发展趋势非常迅速。1978～1980年大多数湖泊处于中营养状态，占调查面积的91.8%，贫营养状态湖泊占3.2%，富营养状态湖泊占5.0%。短短10年间，贫营养状态湖泊大多向中营养状态湖泊过渡，贫营养状态湖泊所占评价面积比例从3.2%迅速降低到0.53%，中营养状态湖泊向富营养状态过渡，富营养化湖泊所占评价面积比例从5.0%剧增到55.01%。近10年来武汉汉江下游水质急剧恶化，呈富营养化状态，在20世纪90年代曾2次出现水体中藻类急剧繁殖的"水华"现象。